天然气应用与安全丛书

压缩天然气(CNG)应用与安全

郭建新　主编　　闫德林　赵玉英　副主编

中国石化出版社

内 容 提 要

本书系统地介绍了压缩天然气(CNG)应用的专业知识，内容包括：压缩天然气的应用领域、压缩天然气的性质、天然气的脱硫和脱水、天然气的压缩、压缩天然气的运输、压缩天然气的储存、压缩天然气(CNG)加气站工艺与设备、CNG加气站的风险识别与控制等。在阐述压缩天然气应用的各个环节上，特别注重安全风险的防控技术。

本书适用于压缩天然气应用领域的工程技术人员，尤其适用于天然气加气站工程技术人员和经营管理人员阅读参考。

图书在版编目（CIP）数据

压缩天然气（CNG）应用与安全／郭建新主编.
—北京：中国石化出版社，2015.3
（天然气应用与安全丛书）
ISBN 978-7-5114-3241-4

Ⅰ.①压… Ⅱ.①郭… Ⅲ.①天然气-安全技术
Ⅳ.①TE687

中国版本图书馆CIP数据核字（2015）第050218号

中国石化出版社出版发行
地址:北京市东城区安定门外大街58号
邮编:100011 电话:(010)84271850
读者服务部电话:(010)84289974
http://www.sinopec-press.com
E-mail:press@sinopec.com
北京科信印刷有限公司印刷
全国各地新华书店经销
*
850×1168毫米32开本6.25印张164千字
2015年3月第1版 2015年3月第1次印刷
定价：25.00元

前　言

我国经济的快速发展，对清洁能源的需求日益增长，压缩天然气作为一种最理想的车用替代能源，其应用技术经数十年发展已日趋成熟。由于它具有成本低，效益高，无污染，使用安全便捷等特点，正日益显示出强大的发展潜力。其次，压缩天然气还应用于城市燃气事业，特别是居民生活用燃料。随着人民生活水平的提高及环保意识的增强，大部分城市对天然气的需求明显增加。天然气(管道天然气)作为民用燃料的经济效益也大于工业燃料。

压缩天然气(Compressed Natural Gas，简称CNG)是指压缩到压力大于或等于10MPa且不大于25MPa的气态天然气，是天然气加压并以气态储存在容器中。压缩天然气及其下游应用将在“十三五”期间面临重大机遇：新增气源和贯通全国各省的输气干线将减少供气短缺的现象；此外，从经济前景、高油价和对环保的进一步要求，使CNG市场成为更炙手可热的投资领域。

压缩天然气工业是一门新兴工业，虽然在我国已有几十年的发展历史，但作为车辆替代能源的CNG加气站却刚刚起步。不仅众多的加气站工程正在建设，而且开始逐步形成不可缺少的城市公共设施。为了适应压缩天然气发展的形势，需要有更多熟悉了解压缩天然气技术的工程技术、经营管理人员，鉴于此，我们编写了这本专业书籍。本书从压缩天然气的发展、生产、运输、储存、CNG加气站工艺与设备等方面进行了逐一阐述，尤其在压缩天然气应用的各个环节上，本书特别注重介绍安全风险的防控技术。

《压缩天然气(CNG)应用与安全》由郭建新主编。其中第一章、第二章由闫德林(中国石化销售有限公司北京石油分公司高级工程师)编写，第三章、第六章由郭建新(中国石化销售有限公司山西石油分公司高级工程师)编写，第四章、第五章由赵玉英(太原科技大学化学与生物工程学院副教授)编写，全书由郭建新统稿。

由于压缩天然气工业涵盖面广，CNG 加气站在不同企业也存在着差别，撰写难度较大，书中难免有不妥之处，敬请读者提出宝贵意见和建议。

目　　录

第一章　概述

压缩天然气与自然状态的天然气相比具有体积小便于运输的特点，因此被广泛运用于工业与民用领域。本章主要介绍压缩天然气的概念、发展历程、生产与应用等。

第一节　压缩天然气发展历程

一、压缩天然气的概念

1. 天然气

广义的天然气是指自然界中天然存在的一切气体，包括大气圈、天然气水圈、生物圈和岩石圈中各种自然过程形成的气体。狭义的“天然气”是从能量角度出发的，是指天然蕴藏于地层中的烃类和非烃类气体的混合物。

天然气是由烃类和非烃类组成的复杂混合物。天然气中的烃类以甲烷为主，还有乙烷、丙烷、丁烷、戊烷以及少量的已烷以上的烷烃，有时还含有极少量的环烷烃及芳香烃。天然气中的非烃类气体，一般为少量的氮气、氧气、氢气、二氧化碳、水蒸气、硫化氢以及微量的惰性气体如氦、氩、氙等。天然气中的水蒸气一般呈饱和状态。天然气的组成并非固定不变，不仅不同地区油、气藏中采出的天然气组成区别很大，甚至同一油、气藏的不同生产井采出的天然气组成也会有很大的区别。根据化学组成的不同分为干性天然气和湿性天然气。干性天然气就是含甲烷90%以上的天然气，而湿性天然气除主要含甲烷外，还有较多的乙烷、丙烷、丁烷等气体。

天然气属可直接利用的能源，即一次能源，也是不可再生的清洁常规能源。在人类的发展史上，天然气已经有 2000 多年的使用历史。由于其高效、洁净的使用性能以及开采、加工和使用技术的发展，其用途越来越广泛，需求量越来越大。

2. 压缩天然气

天然气在常温常压下体积大，不便储运使用，因此在实际应用中通常需要经过压缩和液化处理，形成压缩天然气和液化天然气。

压缩天然气是指为了提高储运的效率而通过常温下加压减小体积而形成的高密度天然气，压力大于等于 10MPa 且不大于 25MPa。

压缩天然气种类。从应用的方法来看，可以分为燃料和原料两种。从应用的主体可以分为民用、工业用、车用三种。按照用气行业可分为城镇燃气、工业燃气、发电和化工类。压缩天然气应用面越来越广，作用越来越大，从百姓日常生活中的取暖、做饭，到工业生产燃料和原料、汽车燃料等，都有压缩天然气的应用。在这些应用中，大部分是以压缩天然气的形式运输和使用的。

二、天然气的发现与应用

1. 天然气的发展历史

天然气的发展可分为三个阶段，即天然气发现阶段、原始天然气工业阶段、现代天然气工业阶段。

(1) 天然气发现阶段

早在西周(公元前 11 世纪~前 771 年)初年的《周易》(即《易经》)记载："象曰：澤中有火"。这是关于天然气在水面上燃烧这一自然现象的最早文字记载。它反映了在大自然中油气苗燃烧的现象，并赋予浓厚的神秘色彩，用以占卜吉凶。战国时期在四川临邛(今邛崃)发现了天然气，因有火故称之为"火井"。三国时期公元 220~280 年，诸葛亮曾亲往临邛观看天然气井。据《異苑》记载，这口井燃烧时间长达三、四百年。

在国外也有天然气的相关记载。公元前10世纪，希腊帕尔纳索斯山牧民发现岩缝中冒出火焰，敬为神灵，建庙祭祀，女祭司命其名为德尔斐神龛，并在此卜卦问神。公元前50年，意大利的罗马维斯塔教堂用地下喷出的天然气做燃料，点燃长明火焰照亮了狩猎女神像。此后在印度、波斯等国家也出现了类似的祭坛。公元1273年，马可·波罗(Marco Polo)描述阿塞拜疆的巴库拜火教堂的天然气火炬。这些火炬已经燃烧了数百年。

在此时期，天然气的主要作用是照明。此阶段天然气使用范围窄、规模小、技术使用少，基本以利用自然喷出的天然气为主要特征。

(2) 原始天然气工业阶段

原始天然气工业是指早期规模较小、数量少、采用技术少的针对天然气的生产活动。其主要特征是人类对天然气认识处于初级阶段，没有专业技术人员和工人，生产过程以手工和畜力为主，工艺设备原始简陋。

此时期天然气的主要用途依然是照明，很少用于生产，但是使用规模有显著扩大，应用技术有所发展。据《华阳国志·蜀志》记载，战国时期，公元前256~前251年，李冰父子在四川兴修水利、钻凿盐井。而后在临邛(今邛崃)的盐井中发现了天然气，当时称之为“火井”。从公元前200年起，在邛崃境内就开始用气熬盐。邛崃出土的东汉(公元25~220年)画像砖上有熬盐图，描述了从井下用竹管取卤水送到灶上五口大锅处，并用几根并排竹管将天然气送灶内锅底处燃烧熬盐的景象。宋应星《天工开物》(1637年)对输气竹管详细描述，“长竹剖开，去节，合缝，漆布，一头插入井底，其上曲接，以口紧对釜脐”。这是最早的把天然气用于工业生产的文字记载。中国是最早除了照明之外还作为工业生产热源使用的国家。

在北宋仁宗庆历、皇祐年间(1041~1053年)，中国的钻井工艺技术有一次大的革新，出现了“卓筒井”。这是从大口径的浅井向小口径的深井发展的标志。当时在世界上，中国的钻井技术处于遥遥领先的地位，促进了天然气的开发利用，并传到西方各国。当时，火井正式列入国家税课，天然气业开始从盐业中独立出来。清朝时期，公元 16 世纪四川自流井盐田的天然气投入开发利用，成为世界上第一个开发的气田。道光十五年(1835年)燊海井(盐井)的井深达到 1001.4m。据《川鹾概略》记载，采用人力畜力为动力，这样的井需钻三年。约道光二十年(1840年)自流井构造磨子井井深达到 1200m 以下，钻穿了嘉陵江石灰岩的主气层。由于气势凶猛，发生了大火，从井口喷出几十丈高的火舌，象座火山。史称“自贡古今第一大火井——火井王”。据考证，当时在自流井气田上日产万方的气井约有十口。此井既产卤又产气，用气熬卤，日产盐约 14t。

（3）现代天然气工业阶段

现代天然气工业是指广泛应用科学技术、先进生产手段、现代化管理从事生产活动的天然气工业。其主要特征是拥有大批技术素质高的技术人员和工人，生产过程实现机械化、半自动化、自动化，并采用先进工艺设备和新型材料；高度严密的专业分工和协作；广泛应用电子计算机技术；采用运筹学等科学管理方法。

现代天然气工业是在 19 世纪的城市煤气工业基础上发展起来的，并以天然气逐步取代城市煤气为进程。一般是以 1821 年美国威廉·哈特在宾西法尼亚州佛里多尼亚发现天然气井作为现代天然气工业起点的标志。随后世界各国陆续发现天然气田，通常以发现天然气田为各国现代天然气工业的开始。见表 1-1，德国鲁尔燃气公司资料。

在进入现代天然气工业阶段后主要产生了三项重大技术：压缩技术、液化技术和天然气化工技术，推动了天然气的发展。

压缩技术：压缩技术的核心设备是天然气压缩机、无缝钢管、储气瓶、压缩天然气、燃气四冲程发动机等。天然气使用范围由照明扩展到作为热源应用到工业生产、民用取暖、发电等领域，进而发展到作为天然气发动机的能源。

表 1-1　世界各国或地区可燃性气体工业开始的年代　　年

国　家	城市煤气	气田发现	国　家	城市煤气	气田发现
挪威	1848	1968	前捷克斯洛伐克	1847	1914
丹麦	1857	1966	奥地利	1833	1923
英国	1813	1965	匈牙利	1838	1937
爱尔兰	1822	1980	克罗地亚		1948
荷兰	1825	1924	塞尔维亚		1952
比利时	1819	1965*	罗马尼亚	1860	1860
德国	1825	1911	保加利亚		1952
法国	1819	1939	阿尔巴尼亚		1917
加拿大	1847	1858	阿塞拜疆		1873
意大利	1835	1931	中国：大陆	1862	1937
西班牙	1845	1964	台湾		1904
马耳他	1861		香港	1862	1994*
阿尔及利亚		1965	日本	1857	1907
利比亚		1959	巴基斯坦		1915
埃及	1864	1967	印度	1853	1889
美国	1817	1821	越南		1974
墨西哥	1855	1901	菲律宾		1977
古巴	1844	1916	缅甸		1889
特立尼达 & 多巴哥		1902	巴林		1932
委内瑞拉	1964	1921	卡塔尔		1940
科特迪瓦		1975	阿联酋		1958
尼日利亚		1958	阿曼		1976
厄瓜多尔	1870	1920	文莱		1929
喀麦隆		1972	泰国		1973
秘鲁	1867	1863	巴比亚新几内亚		1986
巴西	1865	1939	马来西亚		1911
刚果		1957	新加坡	1862	1992*
玻利维亚	1877	1922	印度尼西亚		1893
乌拉圭	1872		斯里兰卡	1868	
智利	1856	1945	澳大利亚	1841	1906
阿根廷	1852	1907	新西兰	1865	1959
南非	1872	1974	以色列		1955
俄罗斯	1835	1858	沙特阿拉伯		1938
波兰	1856	1848	也门		1984

注：* 表示输入天然气的第一年。

1860年德国曼尼斯门(Mannesmann)创立第一个生产无缝钢管的工艺方法。无缝钢管对输送高压天然气是必不可少的。1878年，世界各国开始出现厨房燃气炉，燃气用途已经扩展为公共照明、工业和住宅用。1862年法国Alphonse Beaude Rochas设计了一台燃烧煤气的四冲程发动机。1876年德国N. A. 奥托(Nikolaus August Otto)制造了后来被称为四循环的燃气动力机，此类动力机仍然有效地作为一般燃烧燃料发动机的样机。

当有了天然气压缩机、无缝钢管、储气瓶、燃气四冲程发动机和厨房燃气炉具后，压缩天然气的应用具备了技术条件。

液化技术：液化天然气(Liquefied Natural Gas简称LNG)是把经过净化(脱水、脱烃、脱酸性气体)的天然气在一定的温度和压力条件下变成液态形式的天然气。液化天然气产生的技术条件是制冷技术的发展，经济条件是季节性需求量价变化大，需要天然气调峰填谷。目前天然气液化工艺有三种，分别是等焓节流制冷工艺、膨胀机制冷工艺和阶式制冷工艺。

1940年美国西弗吉尼亚希望天然气公司(Hope Natural Gas Corporation)建设一座处理$8000m^3/d$的液化厂，有较大的储存能力，把夏天廉价的天然气液化，在需求高峰时使用。1941年在美国克利夫兰建成了世界第一套工业规模的LNG装置，液化能力为$8500m^3/d$。1959年英国气体局(英国天然气公司的前身)将船装载2000t LNG的“甲烷先锋号”，从路易斯安娜州查尔斯湖出发，横跨大西洋运输到英国泰晤士河口的坎维岛。这种独特的货物安全地横渡海洋是世界海运史的首例，标志着LNG进入了商业化国际贸易阶段。从20世纪60年代开始，LNG工业得到了迅猛发展，规模越来越大，基本负荷型液化能力在$2.5\times10^4m^3/d$。据资料介绍，目前各国投产的LNG装置已达160多套，2013年世界各国LNG出口量达到$3253\times10^8m^3$，我国进口LNG量为$28\times10^8m^3$。

天然气化工：天然气在照明和燃料之外还可以用于化工原料。19世纪末，美国开始利用天然气制炭黑。20世纪20年代，美国联合碳化物公司开发了裂解天然气中乙烷和丙烷制取乙烯的工艺。1941 年德国赫司特公司在美国建立了第一个用天然气制取二氯甲烷的工厂。随着技术的发展，天然气合成氨、合成甲醇技术相继出现。我国天然气化工始于 1966 年，在泸州建成了合成氨、尿素的天然气化工厂。1979 年在四川长寿县建成以天然气为原料生产乙炔、甲醇、醋酸乙烯的四川维尼纶厂，该厂目前是中国石化唯一一个以天然气为原料的大型联合化工企业。

2. 天然气的重要作用

天然气在人类社会发展中将起到重要的作用。人类社会的发展与能源结构有着匹配关系：以木材为主的能源结构让人类进入工业起步时期；以煤为主的能源结构让人类进入工业革命时期；以石油为主的能源结构让人类进入工业文明时期；以天然气为主的能源结构让人类进入生态文明时期。天然气工业必将伴随着人类科技和经济的发展而发展，使人类社会的能源结构不断向低碳化演变。

3. 天然气的发展概况

(1) 世界天然气发展情况

2013 年世界天然气探明总储量为 $185.70\times10^{12}m^3$，开采量为 $3.39\times10^{12}m^3$，消费量为 $3.35\times10^{8}m^3$。除常规天然气之外，据预测非常规天然气资源量超过常规天然气，其中主要有页岩气、煤层气、致密天然气和天然气水合物等资源。世界天然气资源量主要在中东的伊朗和卡塔尔、欧洲的俄联邦，约占天然气探明储量的 70%。天然气开采量以欧盟国家、北美为最多，接近世界产量的 60%。消费量以欧盟国家、北美为最多，接近世界产量的 60%，见表 1-2。

(2) 我国天然气发展情况

我国天然气资源比较丰富，是最早利用天然气的国家之一，早在公元三世纪，四川就有天然气熬盐的纪录。1949 年以前，四川天然气产量只有 $900\times10^{4}m^3$，到 1984 年全国天然气产量仅有 $12.86\times10^{8}m^3$。近十年，我国天然气产量由 2003 年的 350.15×

10^8m^3 增长到2013年的1170.5×10^8m^3，10年增长了2.34倍。天然气远景资源量为56×$10^{12}m^3$，可采资源量为22×$10^{12}m^3$。而我国的消费量增长越来越快，天然气需求十分旺盛，消费量在近五年内超过产量，需要依靠进口满足国内需求，且增幅依然强劲。需求会强力拉动天然气行业的快速发展，见表1-3。

表1-2 世界天然气储量、产量和消费量 $10^{12}m^3$

项目＼年份		1983	1988	1993	1998	2003	2008	2013
探明总储量		78.60	96.23	118.37	130.10	155.75	169.35	185.70
	增幅		22.43%	23.00%	9.91%	19.72%	8.73%	9.65%
总产量		1.46	1.86	2.05	2.25	2.63	3.09	3.39
	增幅		27.01%	10.30%	9.75%	16.89%	17.52%	9.83%
总消费量		1.47	1.82	2.04	2.26	2.60	3.03	3.35
	增幅		24.34%	12.08%	10.69%	14.72%	16.60%	10.57%

表1-3 中国天然气储量、产量和消费量 10^8m^3

项目＼年份		1983	1988	1993	1998	2003	2008	2013
探明总储量		873.10	922.10	1670.70	1366.90	1336.12	2689.45	3272.19
	增幅		5.61%	81.18%	-18.18%	-2.25%	101.29%	21.67%
总产量		122.10	142.60	167.65	232.79	350.15	803.00	1170.50
	增幅		16.79%	17.57%	38.85%	50.41%	129.33%	45.77%
总消费量		122.10	143.60	167.60	202.57	339.08	812.93	1616.13
	增幅		17.61%	16.71%	20.87%	67.39%	139.75%	98.80%

正是因为国际和国内都具备了天然气快速发展的条件，故在可预计的几年内，天然气的勘探、开采、加工和利用会迅速发展，特别是汽车燃料会有一个飞跃式的发展。在以天然气代替油品的小型车辆燃料替代进程中，压缩天然气与液化天然气相比会以技术壁垒低、投资额度低和符合小型车辆的特殊安全要求而被广泛采用。

4. 天然气的形成

当有机物质经过厌氧腐烂，会产生富含甲烷的气体，这种气体就被称作生物气体。生物气的来源地包括森林和草地间的沼泽、垃圾填埋场、下水道中的淤泥、粪肥，由细菌的厌氧分解而产生。生物气还包括胃肠涨气，胃肠气最通常来自于牛羊等家畜。

能够成为大规模生产的天然气藏，从原始物质到生成环境成因多种多样，各种类型的有机质都可形成天然气——腐泥型有机质则既生油又生气，腐植形有机质主要生成气态烃。归纳起来，天然气的成因可分为生物成因气、油型气和煤型气。

（1）生物成因气

生物成因气是指成岩作用(阶段)早期，在浅层生物化学作用带内，沉积有机质经微生物的群体发酵和合成作用形成的天然气。其中有时混有早期低温降解形成的气体。生物成因气出现在埋藏浅、时代新和演化程度低的岩层中，以含甲烷气为主。生物成因气形成的前提条件是丰富的有机质和强还原环境。最有利于生气的有机母质是草本腐植型-腐泥腐植型，这些有机质多分布于陆源物质供应丰富的三角洲和沼泽湖滨带，通常含陆源有机质的砂泥岩系列最不完整。

（2）油型气

油型气包括湿气(石油伴生气)、凝析气和裂解气。它们是沉积有机质特别是腐泥型有机质在热降解成油过程中，与石油一起形成的，或者是在后成作用阶段由有机质和早期形成的液态石油热裂解形成的。

与石油经有机质热解逐步形成一样，天然气的形成也具明显的垂直分带性。在剖面最上部(成岩阶段)是生物成因气，在深成阶段后期是低相对分子质量气态烃($C_2 \sim C_4$)即湿气，以及由于高温高压使轻质液态烃逆蒸发形成的凝析气。在剖面下部，由于温度上升，生成的石油裂解为小分子的轻烃直至甲烷，有机质亦进一步生成气体，以甲烷为主石油裂解气是生气序列的最后产物，通常将这一阶段称为干气带。

(3)煤型气

煤型气(煤层气)是指煤系有机质(包括煤层和煤系地层中的分散有机质)热演化生成的天然气。煤型气是一种多成分的混合气体，其中烃类气体以甲烷为主，重烃气含量少，一般为干气，但也可能有湿气，甚至凝析气。

成煤作用可分为泥炭化和煤化作用两个阶段。前一阶段，堆积在沼泽、湖泊或浅海环境下的植物遗体和碎片，经生化作用形成煤的前身——泥炭；随着盆地沉降，埋藏加深和温度压力增高，由泥炭化阶段进入煤化作用阶段，在煤化作用中泥炭经过微生物酶解、压实、脱水等作用变为褐煤；当埋藏逐步加深，已形成的褐煤在温度、压力和时间等因素作用下，按长焰煤→气煤→肥煤→焦煤→瘦煤→贫煤→无烟煤的序列转化。煤化过程中每次跃变都相应地为一次成气(甲烷)高峰。

煤岩系中腐殖型有机质在煤化作用过程中生成的烃类气体(主要为甲烷)，为天然气的重要组成部分。煤型气气源主要有两类，一类是为富集型有机岩的煤层；另一类是分散型有机岩，以含腐殖型(Ⅲ型)有机质为主的岩层，如碳质泥岩、页岩、沙质泥岩等。有时还含少量混合型有机质(Ⅱ型)岩层，如湖相泥岩等。

(4)无机成因气

地球深部岩浆活动、变质岩和宇宙空间分布的可燃气体，以及岩石无机盐类分解产生的气体，都属于无机成因气或非生物成因气。它属于干气，以甲烷为主，有时含 CO_2、N_2、He 及 H_2S、Hg 蒸气等，或者以它们的某一种为主，形成具有工业意义的非烃气藏。甲烷无机成因有如下三种：

第一种是无机合成，即 CO_2 与 H_2 在 250℃高温和铁族元素的作用下生成 CH_4 和 H_2O。

第二种是地球原始大气中甲烷。吸收于地幔，沿深断裂、火山活动等排出。

第三种是板块俯冲带甲烷。大洋板块俯冲时产生高温高压，使有机物脱水而分解产生的CH_4。

三、我国天然气的来源

1. 国内天然气生产

(1) 纯天然气。气藏中通过采气井开采出来的天然气称为气井气。这种气体属于干性气体，主要成分是甲烷。是我国天然气的主要来源。

(2) 油田伴生气。系指在油藏中与原油呈平衡接触的气体，包括游离气和溶解在原油中的溶解气两种。油田气是与石油伴生的，是天然气的一种，从化学组成来说属于湿性天然气。开采时与原油一起打出，气油比(m^3/t)一般在20~500范围内。这种气体中含有60%~90%的甲烷，10%~40%的乙烷、丙烷、丁烷和高碳烷烃。

(3) 凝析气田气。是含有容易液化的丙烷和丁烷成分的富天然气。这种气体通常含有甲烷85%~90%，碳三到碳五约2%~5%。可采用压缩法、吸附法或低温分离法，将后者分离出去制液化石油气。

(4) 煤成气。又称煤型气(coal-type gas)、煤系气(coal seriesgas)。是煤岩系中腐殖型有机质在煤化作用过程中生成的烃类气体(主要为甲烷)，为天然气的重要组成部分。我国非常规天然气资源相当丰富，尤其是煤层气资源量估计可达$30\times10^{12}m^3$左右，可采储量约$10\times10^{12}m^3$，居世界第3位。中国石油、中国石化和中联公司都加大了煤层气勘探开发力度，预计"十二五"期间我国煤层气产量年增长速度将达到50%左右。到2015年煤层气将成为我国天然气的主要补充气源，全国地面煤层气产量将超过$100\times10^8m^3$、有望达到$115.84\times10^8m^3$。

(5)页岩气。页岩气是从页岩层中开采出的天然气，是一种重要的非常规天然气资源。其往往分布在盆地内厚度较大、分布广的页岩烃源岩地层中。据国内资料表明，探明页岩气地质储量$6000\times10^8m^3$，可采储量$2000\times10^8m^3$。2015年页岩气产量65×

10^8m^3。据美国能源情报署估计，我国页岩气可采储量 $1275\times10^{12}m^3$,够中国使用 300 多年。但是我国页岩气藏多处于 2000~3500m 深，开采难度大。最近我国制定了《页岩气发展规划》，使页岩气的开采进程加快。

（6）天然气水合物。天然气水合物资源是世界能源开发的下一个主要目标。海底的天然气水化物资源丰富，其开发利用技术已成为一个国际能源领域的热点。我国南海北坡的神狐海域是可燃冰富集区，预测储量约 $194\times10^8m^3$。

（7）煤制天然气。是指煤经过气化产生合成气，再经过甲烷化处理，生产代用天然气。一般用褐煤等低品质煤种甲烷。我国资源特点富煤、缺油、少气，用低品质煤变为高品质天然气是用优势资源对紧缺资源的弥补方式。目前内蒙古大唐国际克什克腾旗煤制天然气项目一期生产能力达到 $40\times10^8m^3$。

2. 进口天然气资源

据海关统计，2011 年我国进口液化石油气及其他烃类气（以下简称"液化气"）1572×10^4t，比上年（下同）增加 24.6%；价值 88 亿美元，增长 63.7%；进口平均价格为每吨 559.7 美元，上涨 31.4%。

美国页岩气产量大幅增加，大部分 LNG 市场被页岩气所取代，卡塔尔为美国市场新建的 3000×10^4t/a LNG 产能被迫转向欧洲和亚太地区。俄罗斯不再与其第二大进口国土耳其续签天然气供应合同，这些富裕量必将对中国 LNG 进、出口产生深远影响，也将缓解 LNG 价格增长压力。

综上所述，我国的天然气来源多样，自产和进口共同供应市场，基本可以满足社会对天然气的消费。天然气业务的发展有了比较坚实的资源基础。

四、压缩天然气的利用

1. 天然气的利用

天然气上游的发展促进了天然气的利用，下游的快速拓展和深化又推动了上游和中游技术的发展。市场对天然气的需求是天然气产业发展的原动力。目前天然气的利用主要划分为城市燃气、工业燃料、天然气发电、天然气化工和其他用户等。

(1) 城市燃气。城镇(尤其是大中城市)居民炊事、生活热水等用气；公共服务设施(机场、政府机关、职工食堂、幼儿园、学校、医院、宾馆、酒店、餐饮业、商场、写字楼、火车站、福利院、养老院、港口、码头客运站、汽车客运站等)用气；天然气汽车(尤其是双燃料及液化天然气汽车)，包括城市公交车、出租车、物流配送车、载客汽车、环卫车和载货汽车等以天然气为燃料的运输车辆；集中式采暖用户(指中心城区、新区的中心地带)；燃气空调；分户式采暖用户。

(2) 工业燃料。建材、机电、轻纺、石化、冶金等工业领域中可中断的用户。建材、机电、轻纺、石化、冶金等工业领域中以天然气代油、液化石油气项目；建材、机电、轻纺、石化、冶金等工业领域中以天然气为燃料的新建项目；建材、机电、轻纺、石化、冶金等工业领域中环境效益和经济效益较好的以天然气代煤项目；城镇(尤其是特大、大型城市)中心城区的工业锅炉燃料天然气置换项目。

(3) 天然气发电。煤层气(煤矿瓦斯)发电项目；天然气热电联产项目。

(4) 天然气化工和其他用户。作为可中断用户的天然气制氢项目；其他用户包括天然气分布式能源项目(综合能源利用效率70%以上，包括与可再生能源的综合利用)；在内河、湖泊和沿海航运的以天然气(尤其是液化天然气)为燃料的运输船舶(含双燃料和单一天然气燃料运输船舶)；城镇中具有应急和调峰功能的天然气储存设施；用于调峰和储备的小型天然气液化设施。

国家发展和改革委员会2012年10月31日公布了《天然气利用政策》，从2012年12月1日起施行，明确了天然气利用顺序。该政策规定综合考虑天然气利用的社会效益、环境效益和经济效益以及不同用户的用气特点等各方面因素，天然气用户分为优先类、允许类、限制类和禁止类。对天然气车用燃料为鼓励范围，因而天然气汽车燃料会有较快的发展。

近20多年来，世界天然气需求持续稳定增长，平均增长率保持在2%，预计2020年在世界能源组成中的比重将会增加到29%左右。目前的中国的天然气产业也有了很大发展，特别是2000～2010年的10年间，我国天然气消费量年均增长16%，2010年突破千亿立方米至$1070\times10^8m^3$，比2000年增长4.4倍；2011年，我国天然气消费量达到$1313\times10^8m^3$，同比增长22.7%。但从全世界看，中国天然气产业整体水平还很低，天然气在能源结构中所占的比例很低，不到世界平均水平的十分之一。为此，国家从能源结构调整、加强环保和可持续发展等基本国策出发，在"十二五"期间，预计天然气在能源消费结构中的比重将翻一番，由目前的4%提高到8%以上，期间天然气消费量将以每年25%的增长速度递增，天然气的开发利用政策将为天然气产业的发展创造良好环境。在未来十到二十年，天然气将是中国需求量增长最快的能源，中国将是全世界天然气需求量增长最快的国家。

2. 压缩天然气的利用

在天然气利用中，储存、运输过程中最多的是以压缩天然气形式出现。即使出现了LNG技术，其使用过程中也绝大部分需要转变成压缩天然气使用。城市燃气、工业燃料、天然气发电、天然气化工和其他用户都需要管道压缩天然气输送至使用地点，往往需要将压力降低到符合使用设备的要求。比如城市燃气中天然气长输管线为高压输送至门站，进入城市管网后依次以高压、次高压、中压分送，最后以合适的压力进入用户使用设备。如果用途为居民炊事，压力要降至低压，如果是工业用途压力要保持较高水平。压缩天然气作为车用燃料历史不长，但近年推广较快，在四川、重庆等城市发展很快，从压缩天然气管网、母站、加气站、气瓶拖车到压缩天然气车辆全面发展。

虽然液化天然气技术和市场逐步完善起来，在大型车辆使用上表现出强大的优势，但是在出租车、家庭轿车上难以替代压缩天然气，即压缩天然气在小型车辆上有着不可替代的优势，这一优势就来自使用中的安全。小型车辆的使用特点是间歇使用，如果使用液化天然气则其储气罐会与外界发生热交换，致使部分液化天然气气化。这些气体必须排放到空气中，如果车辆停在封闭的车库，排放出的天然气会聚集到车库的顶部，在到达爆炸浓度后，打开电灯、启动车辆的火花就可能引爆可燃气体。所以，出于安全考虑，目前在间歇式驾驶的小型车辆上采用压缩天然气为燃料。

第二节　压缩天然气产业链

压缩天然气行业产业链由勘探与生产、运输与储存、配送与使用三大环节组成。具体由气井井口、处理厂、运输网络、储气设施、配送网络以及最终用户组成。产业链上的各个环节环环相扣，互相依存。上游的天然气勘探生产、中游的管道运输及地下储存和下游的城市配送，是组成天然气工业的基本业务单元。

一、天然气勘探与生产

上游的天然气勘探生产业务还可以进一步细分为天然气勘探、开采、矿场集输和净化处理等内容。

1. 天然气勘探

勘探的目的就是寻找具有经济开采价值的地下天然气藏。天然气勘探要利用各种勘探手段了解地下的地质状况，认识天然气产生、储气、运移、聚集等条件，综合评价含气远景，确定天然气聚集的有利地区，并探明油气田面积，搞清气层情况和产出能力的过程。

2. 天然气开采

把天然气从地层采出至地面的作业。在探明的气田上，钻井并经过诱导气流，使天然气依靠自身压力沿着井内的自喷管道从井底流至井口的工业化生产和开采的过程。一般开采前要经过勘探、产能建设及试采。

天然气也同原油一样埋藏在地下封闭的地质构造之中，有些和原油储藏在同一层位，有些单独存在。对于和原油储藏在同一层位的天然气，会伴随原油一起开采出来。对于只有单相气存在的，称之为气藏，其开采方法既与原油的开采方法十分相似，又有其特殊的地方。天然气藏也要通过勘探、钻井、测井、试井和开采才能面世。天然气也要通过打井并通过井筒完成开采。天然气从地下产层到地面并输送到用户，需要经过地层内流动、井筒内流动和地面集输管道中流动三个过程。

对于开采产气层中无边底水和层间水的无水气藏来讲，因为天然气黏度小，在地层和管道中的流动阻力也小，而膨胀系数大，其弹性能量也大，因此这种气藏开采时一般采用自喷方式。有水气藏，也就是除少数气井投产时就产地层水外，多数气井是在气藏开发的中后期，由于气水界面上升，或采气压差过大引起底水锥进后才产地层水。对这种气藏要用排水采气法。采出的天然气要经净化分离才能加工成车用的 CNG 和 LNG。净化分离包括从地下采出的天然气，在气井现场经脱水、脱砂与分离凝析油后，根据气体组成情况进行进一步的净化分离加工。富含硫化物的天然气，必须经过脱硫处理，以达到输送要求，才可经过压缩成为压缩天然气（CNG），或经过深冷分离得到液化天然气（LNG）。

3. 矿场集输

将从气井中采出的天然气通过矿区输气管道收集、输送至处理厂进行加工处理。集输就是天然气的收集和输送的过程。集气是天然气由气井采到地面送入集气干线的过程，一般要包含节流调压、预处理和计量等环节，目的是要达到管道输送的安全和计量要求。进入集气干线的天然气被送到集输站场，对天然气进行收集、分离、调压、计量、增压和输送等作业。

4. 天然气的生产工艺

经过预处理的天然气经过进站过滤、计量、调压、脱硫后，以一定压力进入天然气深度脱水装置，使天然气水露点达到专用天然气标准，而后经洗涤罐进入天然气压缩机进行4级压缩，使其压力达到25MPa，通过优先顺序控制盘进入高、中、低压3组储气瓶暂时存储，而后经过优先顺序控制盘、加气机（或由压缩机直供气）对天然气汽车充气。在CNG汽车上充装压力一般略低于20MPa。由于CNG是气态，一般国内计价以体积为计量单位，常用标准立方米为基础，价格结算单位为元/标方，记作￥/Nm^3。国外以热能单位为基础，常用百万英热单位（Million British Thermal Units，简写为MMBTU或MBTU）。

5. 净化处理

指对天然气进行净化处理，以除去天然气中的固体杂质、水分、含硫化合物和二氧化碳等有害组分，使其符合管输和商品气标准的工艺。对净化含硫天然气所得的以硫化氢为主的酸性气体要进行硫黄回收和尾气处理，以达到环境质量要求。

二、天然气供气系统

天然气从油气田井口到终端用户的全过程称为天然气供应链，这条供应链所涉及的所有设施构成的系统称为天然气供气系统。一个完整的天然气供气系统，通常主要由油气田矿场集输管网、长距离输气管道或管网、城市输配气管网、天然气净化处理厂、储气库等几个子系统构成。这些子系统既各有分工又相互连接成一个统一的系统，其目的是尽可能保证按质、按量、按时向用户供气，同时做到安全、可靠、高效、经济运行。

如果将天然气的勘探开发、储运和销售分别看成是天然气供气系统，甚至整个天然气工业的上、中、下游的话，其中任何一个环节出现问题，都将影响一个国家或地区的天然气供气系统的正常运行和发展。天然气供气系统的一个突出特点是用气量的时间不均衡，由此产生了该系统固有的一个关键问题——供气调峰，所谓供气调峰是指采取适当的措施使天然气的供气量和用气量随时保持动态平衡。根据调峰周期的长短，可以将调峰分为季调峰、日调峰、小时调峰等几种类型。为了解决调峰问题并提高供气的可靠性，供气系统一般都设储气库或液化天然气（LNG）、压缩天然气(CNG)站作为调峰与应急供气的手段。

1. 长距离输气管道

长距离输气管道一般由输气管段、首站、加压站、中间气体接收站、中间气体分输站、末站、清管站、干线截阀室等组成。长距离输气管道的输送成本很大程度上取决于其输送能力和输送距离。一般而言，在距离一定的条件下，管道输送能力越大，其满负荷运行的输送成本就越低。在满负荷运行的前提下，输气管道的最大经济输送距离与输送能力密切相关，输送能力越大，最大经济输送距离就越大。因此，输气管道特别适用于大运量的天然气输送。

2. 液化天然气(LNG)供应

液化天然气系天然气在常压下，将温度降至-162℃时，天然气由气态转变成液态。采用 LNG 形式供应天然气的过程称为 LNG 供应链，它包括：天然气液化、LNG 储存、LNG 运输和装卸、LNG 气化等环节。LNG 的主要优点是体积缩小到标准状态下气态体积的 1/600 左右，因此在某些特定条件下，以 LNG 形式进行天然气储运比气态天然气更经济。海运是 LNG 供应链中的重要环节，跨洋进口的 LNG 主要通过远洋专用船舶来实现。内陆运输主要通过罐车运输实现。LNG 供应，一是可以独立地向分散的工业用户、中小城镇居民小区供气，也可作为大型天然气系统的调峰设施；二是给 LNG 燃料汽车加气的 LNG 加气站承担供气任务。

3. 压缩天然气(CNG)供应

CNG 是指以高压状态储存于专用储罐中的气态天然气，其压力为 20~25MPa。CNG 主要有两种供应方式：一是作为汽车燃料，CNG 既可直接在 CNG 母站给 CNG 汽车加气，也可利用专用钢瓶拖车将 CNG 运输到各个加气子站，给 CNG 汽车加气；二是作为民用或工业气源，首先，在母站将天然气压缩到 CNG 专用拖车上的高压瓶组中，然后将其运到配气站，最后在配气站将瓶组中的 CNG 减压并输入到配气管网中。

三、天然气城市配送与使用

天然气城市配送是指将从管道运输系统接收的天然气通过城市配气系统输送至最终用户。一个完整的城市配气系统由配气站、配气管网、储气设施、各类调压所等组成。CNG、LNG、PNG 最后都以 CNG 形式进入客户端使用。车用压缩天然气建立在城市管网上，通过母站、气瓶拖车、子站加注到压缩天然气车辆上。

第三节　压缩天然气的应用

一、压缩天然气的主要用途

天然气的主要用途为燃料和原料。燃料可以分为取光和取热。取光如照明，取热如取暖、发电和车用内燃机燃料等。原料如化工厂制甲醇、乙烯等。常见的有如下几种：

1. 发电

天然气发电，具有缓解能源紧缺、降低燃煤发电比例，减少环境污染的有效途径，且从经济效益看，天然气发电的单位装机容量所需投资少，建设工期短，上网电价较低，具有较强的竞争力。

2. 燃气

城市燃气事业，特别是居民生活用燃料。随着人民生活水平的提高及环保意识的增强，大部分城市对天然气的需求明显增加。天然气作为民用燃料的经济效益也大于工业燃料。

3. 汽车燃料

压缩天然气汽车，以天然气代替汽车用油，具有价格低、污染少、安全等优点。目前人们的环保意识不断提高，世界需求干净能源的呼声高涨，各国政府也透过立法程序来传达这种趋势，天然气曾被视为最干净的能源之一，再加上 1990 年中东的波斯湾危机，加深美国及主要石油消耗国家研发替代能源的决心，因此，在还未发现真正的替代能源前，天然气需求量自然会增加。

4. 化工原料

天然气化工工业，甲烷高温分解可得炭黑，用作颜料、油墨、油漆以及橡胶的添加剂等；氯仿和CCl_4都是重要的溶剂。天然气是制造氮肥的最佳原料，具有投资少、成本低、污染少等特点。天然气占氮肥生产原料的比重，世界平均为80%左右。

我国 CNG 应用技术已经比较成熟，目前除了应用于城市天然气汽车之外，对城镇的天然气供应也已陆续开始。

二、车用 CNG 的发展

20 世纪 30 年代初，富气贫油的意大利首先研制了压缩天然气汽车。截止现在，全世界已有了 130 多万辆 CNG 汽车，3000 余座 CNG 加气站。天然气作为汽车燃料的使用，在中国经历了两个阶段。

第一阶段：常压天然气使用阶段。为 20 世纪 60 年代初期，我国开发了第一代天然气汽车，采用橡胶气包固定于车顶，行程只有十几公里，显得笨重而又不美观。

第二阶段：高压天然气使用阶段。20 世纪 80 年代末期，我国成功研制了第二代高压天然气（20～25MPa）汽车——CNG 汽车，并以体积只有原来的约 1/200 的巨大优势取代了气包天然气；20 世纪 90 年代中期，我国开始进行 CNG 汽车的推广工作。自 1999 年起，我国开始在北京等 12 个试点城市开展了“空气净化工程——清洁汽车行动”，以治理汽车尾气对环境造成的污染，其中发展 CNG 汽车是该行动的重点之一。截至 2013 年 12 月底，全国 CNG 汽车保有量为 323. 5 万辆，超过巴基斯坦（280 万辆）、阿根廷（228 万辆）、巴西（175 万辆），世界排名升至第 2 位，仅次于伊朗。另外，我国 CNG 加气站总数在 2013 年底达 3732 座，CNG 加气站保有量已排名世界第 1 位。预测 2015 年，该保有量将达 500 万辆，加气站将达到 5500～6000 座，车用天然气消费量可达 $300 \times 10^8 m^3$。到 2020 年左右将是我国天然气汽车发展的黄金时期，CNG 作为传统汽车能源第一替代品的地位不可动摇。

首先，全国各地以治理雾霾为重点的大气污染防治措施中，大都提到了要大力推广天然气汽车。2013 年，31 个省市自治区政府都与国家环保部签署了治理大气污染的责任书。

其次，天然气气源供给将空前充足。2013 年我国天然气表观消费量仅为 $1676\times10^{8}m^{3}$。2014 年 4 月，国家发改委在《关于建立保障天然气稳定供应长效机制的若干意见》中提出，2020 年我国天然气供应能力达到 $4000\times10^{8}m^{3}$，力争达到 $4200\times10^{8}m^{3}$。国内天然气生产能力大幅提升，常规天然气将以约 10%的速度稳步增长，非常规天然气将实现井喷式的增长。

第三，我国天然气进口渠道大为拓宽，沿海 LNG 接收站将由目前的 8 个增加一倍以上。各接收站的接受能力一般都在 $300\times10^{4}t/a$ 以上，同时来自中亚三国的天然气供给能力将增至 $800\times10^{8}m^{3}/a$。中缅天然气管道将很快达到 $120\times10^{8}m^{3}/a$ 的设计能力。

第二章　压缩天然气的性质

压缩天然气的物化性质取决于常压天然气本身的性质，除了密度不同以外，压缩天然气与常压天然气并无本质区别。因此，要了解压缩天然气的物化性质只需要了解天然气的物化性质。

第一节　天然气的物理性质

天然气蕴藏在地下多孔隙岩层中，主要成分为甲烷，此外还包括少量的乙烷、丙烷、丁烷等。天然气的物理性质由各组分的性质所决定，又呈现出不同于各组分的整体特征。

一、天然气组分

天然气中甲烷(CH_4)占80%以上，其次为乙烷(C_2H_6)、丙烷(C_3H_8)、丁烷(C_4H_{10})和戊烷(C_5H_{12})，庚烷以上烷烃极少。非烃气体有二氧化碳(CO_2)、硫化氢(H_2S)、一氧化碳(CO)、氮气(N_2)、氦气(He)、氩气(Ar)等。天然气的主要成分是烷烃中的轻组分，基本由甲烷 CH_4(82%~98%)和不多的乙烷 C_2H_6(6%)、丙烷 C_3H_8(1.5%)和丁烷 C_4H_{10}(约1%)组成。一般油、气田的天然气中的甲烷含量差别相当大。我国四川气田天然气中的甲烷含量多在95%以上，而油田的伴生天然气中的甲烷含量则为70%~80%。有的甲烷含量更低，并且含有较重的烃类，如丁烷、戊烷和己烷等。甲烷是天然气最主要的组分，它是无色、无臭、无味、无毒性的气体，比空气轻，微溶于水。甲烷是可燃气体，具有爆炸性。甲烷的临界温度是-82.1℃，临界压力是4640kPa(绝对压力)。

二、热值与抗爆性

1. 热值

燃料的热值是指单位燃料在量热计中燃烧后测得的热量数值。由于燃料燃烧产物中的 H_2O 在冷凝的过程中会放出相变焓包括在量热计所测的数值中，所以测出的数值称为高热值。这部分相变焓在发动机中是无法利用的，因此要将这部分热量从高热值中减去。燃料在汽缸中燃烧后发出的有效热量称为低热值。在计算天然气燃料的发热量时要按低热值计算。与按单位质量气态烃所测得的热值相差不太多。

C_1的热值稍多些，随着碳数的增加热值略有减少。由于气体燃料用容积作单位便于计量，而碳数少的烃密度小，所以按单位体积计量的热值就比较少了。

2. 抗爆性

汽油作为发动机燃料有一个很重要的品质，这就是它的抗爆性。现在汽油的牌号就是抗爆性能指标——辛烷值的数值天然气在汽车发动机中，特别是在汽油机改装的天然气发动机中，类似于汽油，即在汽缸外部燃料与空气形成可燃混合气，送到汽缸后，再用外源（电火花）点着，因此也会遇到与汽油类似的抗爆性能高低的问题。所谓抗爆性是指燃料抵抗爆震燃烧的能力。

什么是爆震燃烧呢？汽油机中电火花点火后，汽缸中火焰开始在均匀的可燃混合气中传播。火焰前面的未燃混合气因受到已经燃烧的混合气的压缩和辐射传热使温度、压力升高，加速了其化学变化，即所谓的焰前反应。离火焰中心越远，未燃混合气的焰前反应越深。如果火焰面及时传到，把它燃着，就是正常燃烧。如果在正常火焰尚未到达之前，未燃混合气的化学准备过程已经完成，就会产生自燃，形成新火焰中心并以高达 1500～2000m/s 的速度进行火焰传播。这种带有爆炸性质的燃烧进行得非常迅速，使来不及膨胀的推进，产生撞击并发出尖锐的金属敲击声。与此同时，排气冒黑烟，发动机功率明显下降，这种现象称为爆震燃烧，简称爆燃或爆震。

影响爆震的因素很多，如结构上的压缩比、燃烧室形状、运行时的转速、负荷等等。但发动机已经制造好，则使用的燃料本身的性质，如自燃点的高低、氧化反应的速度等对爆震的产生起着决定性作用，这就是燃料的抗爆性。由于异辛烷的抗爆性最好，所以将它的抗爆性定为100，也就是辛烷值为100。其他的燃料与异辛烷比较，如93号汽油的抗爆性是异辛烷的93%，这种汽油的辛烷值就定为93。对于抗爆性能超过异辛烷的甲烷、乙烷就较难直接测得。现在发表的甲烷、乙烷等气体燃料的抗爆性，即辛烷值都是近似值。奥地利的李斯特内燃机及测试设备公司于20世纪60年代，用类似体燃料抗爆性能的指标，叫做甲烷值(Methane Number)。即以甲烷的抗爆能力为100来衡量其他气体燃料的抗爆性。

美国库伯公司也提出了一个正丁烷值(NBN)作为衡量气体燃料抗爆性的参数。目前，世界上还没有一个统一的衡量气体燃料抗爆性的指标和方法。但是，从这个参考的辛烷值中可以看到，甲烷、乙烷等天然气燃料的抗爆性能非常好。因而相应的极度限压缩比比较高，这就是天然气发动机压缩比可以比汽油机高的原因，而压缩比高，则发动机的热效率高，也就省燃料。

三、天然气主要组分的物理性质

1. 甲烷的物理性质

甲烷是无色、无味、可燃和无毒的气体，分子式CH_4。甲烷对空气的重量比是0.54，比空气约轻一半。甲烷溶解度很小，在20℃、0.1kPa时，100单位体积的水，只能溶解3个单位体积的甲烷。同时甲烷燃烧产生明亮的淡蓝色火焰，也有可能会偏绿，因为点燃甲烷要用玻璃导管，玻璃在制的时候含有钠元素，所以呈现黄色的焰色，甲烷烧起来是蓝色，所以混合看来是绿色。甲烷爆炸极限为5.0%~15.0%，熔点：-182.5℃，沸点：-161.5℃，饱和蒸气压（kPa）：53.32（-168.8℃），相对密度（水=1）：0.42（-164℃），相对蒸气密度（空气=1）：0.5548（273.15K、

101325Pa），燃烧热：890.31kJ/mol，总发热量：55900kJ/kg（40020kJ/m^3），净热值：50200kJ/kg（35900kJ/m^3），临界温度（℃）：-82.6，临界压力（MPa）：4.59，爆炸上限%（体积分数）：15.0，爆炸下限%（体积分数）：5.0，闪点（℃）：-188，引燃温度（℃）：538，分子直径0.414nm，标准状况下密度为0.717g/L，极难溶于水。

2. 乙烷的物理性质

乙烷（Ethane）烷烃同系列中第二个成员，为最简单的含碳-碳单键的烃。分子式C_2H_6。乙烷在某些天然气中的含量为5%~10%，仅次于甲烷；并以溶解状态存在于石油中。乙烷是无色、无味、可燃和无毒的气体。乙烷对空气的重量比是1.04，略比空气重。乙烷不溶于水，微溶于乙醇、丙酮，溶于苯，与四氯化碳互溶。乙烷熔点为-183.3℃，沸点-88.6℃，相对密度（水=1）0.45，相对蒸气密度（空气=1）为1.04，在-99.7℃时饱和蒸气压53.32kPa，燃烧热1558.3kJ/mol，临界温度32.2℃，临界压力4.87MPa，闪点-50℃，引燃温度472℃，爆炸极限3.0%~16.0%（体积分数）。

3. 丙烷的物理性质

丙烷也称三碳烷烃，化学分子式为C_3H_8，通常为无色无臭气态，属微毒类，为纯真麻醉剂，对眼和皮肤无刺激。在常压下，液态的丙烷会很快的变为蒸汽并且由于空气中水的凝结而显白色，直接接触可致冻伤。一般经过压缩成液态后运输。原油或天然气处理后，可以从成品油中得到丙烷。丙烷常用作发动机、烧烤食品及家用取暖系统的燃料。在销售中，丙烷一般被称为液化石油气，其中常混有丙烯、丁烷和丁烯。为了便于发现意外泄露，商用液化石油气中一般也加入恶臭的乙硫醇。微溶于水，溶于乙醇、乙醚。丙烷熔点为-187.6℃，沸点-42.09℃，相对密度（水=1）0.5853，相对蒸气密度（空气=1）为1.56，在-55.6℃时饱和蒸气压53.32kPa，燃烧热2217.8kJ/mol，临界温度96.8℃，临界压力4.25MPa，闪点-104℃，引燃温度450℃，爆炸极限为2.1%~9.5%(体积分数)。

4. 丁烷的物理性质

丁烷为无色气体，分子式 C_4H_{10}，有轻微刺激性气味，不溶于水，易溶醇、氯仿，易燃易爆。用作溶剂、制冷剂和有机合成原料。油田气、湿天然气和裂化气中都含有正丁烷，经分离而得。

丁烷熔点为-138.4℃，沸点-0.5℃，相对密度(水=1)0.58，相对蒸气密度(空气=1)为2.05，在0℃时饱和蒸气压106.39kPa，燃烧热2653kJ/mol，临界温度151.9℃，临界压力3.79MPa，闪点-60℃，引燃温度287℃，爆炸极限1.5%~8.5%(体积分数)。

四、天然气的综合物理性质

天然气标准状态下密度大于0.717kg/m^3，相对密度约0.65，比空气轻，具有无色、无味、无毒之特性。在标准大气压下熔点为-182.5℃，沸点约-162℃，燃点-188℃，自燃温度482~632℃，最高燃烧温度可达2148℃。天然气在-107℃时，其密度大致与空气相当，如果温度继续上升那么密度会变小，从而比空气密度小，因此天然气容易在空气中扩散。天然气公司皆遵照政府规定添加臭剂(四氢噻吩)，以资用户嗅辨。天然气在空气中含量达到一定程度后会使人窒息。若天然气在空气中浓度为5%~15%的范围内，遇明火即可发生爆炸，这个浓度范围即为天然气的爆炸极限。爆炸在瞬间产生高压、高温，其破坏力和危险性都是很大的。天然气物理性质见表2-1。

表2-1 天然气主要烃类物理性质

性质	甲烷	乙烷	丙烷	丁烷
化学式	CH_4	C_2H_6	C_3H_8	C_4H_{10}
相对分子质量	16.043	30.070	44.097	58.124
熔点/℃	-182.5℃	-183.3	-187.6	-138.4
沸点/℃	-161.5℃	-88.6	-42.09	-0.5

续表

性质	甲烷	乙烷	丙烷	丁烷
密度 ρ_c/(kg/m^3)	0.7174	1.3553	2.0102	2.7030
相对密度(空气=1)	0.5548	1.04	1.56	2.05
闪点/℃	-188	-50	-104	-60
引燃温度/℃	538	472	450	287
临界温度/℃	-82.6	32.27	96.67	152.03
临界压力/MPa	4.544	4.816	4.194	3.747
饱和蒸气压/kPa	53.32/ -168.8℃	53.32/ -99.7℃	53.32/ -55.6℃	106.39/ 0℃
燃烧热/(kJ/mol)	890.31	1558.3	2217.8	2653
高热值 H_h/(MJ/m^3)	39.842	70.351	101.266	133.886
低热值 H_l/(MJ/m^3)	35.906	64.397	93.24	123.649
爆炸范围/%(体积分数)	5%~15%	2.9%~13%	2.1%~9.5%	1.5%~8.5%

天然气是多种物质的混合物，反映了不同组分的综合性质，因此天然气有以下几个重要的综合性质：

（1）相对密度低。天然气是相对密度低的无色气体，相对密度为0.6~0.7，比空气轻。

（2）可燃性。天然气是一种可燃性气体，且发热量高、含碳量低，其热值为37260kJ/m^3，正是此性质，人们可以把天然气作为清洁、高效的燃料来使用。

（3）可压缩性。天然气具备一般气体的可压缩特性。开采出来在常温常压的天然气的体积是储存在地下高温高压条件下天然气的200~240倍。

（4）气液相变难度高。天然气在常温下无法通过加压实现相变，即由气相到液相的改变，只有在临界温度以下时，加压才对气液相转变有促进作用。正是因为有此性质，天然气才可能实现压缩储存，提高其使用效率和适用范围，并使之应用于汽车燃料。

第二节　天然气的化学性质

为了更好地了解天然气的化学性质，首先要理解天然气组成中主要组分的化学性质。

一、天然气主要组分的化学性质

1. 甲烷

甲烷在通常情况下比较稳定，与高锰酸钾等强氧化剂不反应，与强酸、强碱也不反应。但是在特定条件下，甲烷也会发生某些反应。一是取代反应，主要有甲烷的氯化、溴化。二是氧化反应，甲烷最基本的氧化反应就是燃烧，燃烧生成水和二氧化碳。甲烷的含氢量在所有烃中是最高的，达到了25%，因此相同质量的气态烃完全燃烧，甲烷的耗氧量最高，燃尽1m^3的甲烷需要消耗9.52m^3的空气。三是加热分解，即在隔绝空气并加热至1000℃的条件下，甲烷分解生成炭黑和氢气。氢气是合成氨及汽油等工业的原料；炭黑是橡胶工业的原料。四是与水形成水合物，甲烷被包裹在“笼”里，即可燃冰。其形成是由水和天然气在中高压和低温条件下混合时组成的类冰的、非化学计量的、笼形结晶化合物。

2. 乙烷

乙烷能发生很多烷烃的典型反应。一是卤化反应，在紫外光或250~400℃的温度作用下，与氯反应得氯代烷。二是硝化反应，与硝酸或四氧化二氮（N_2O_4）进行气相（400~450℃）反应，生成硝基化合物（RNO_2）。三是磺化及氯磺化，在高温下与硫酸反应，生成烷基磺酸。四是氧化反应，即燃烧，生成二氧化碳和水，同时放出大量热。其主要用途为裂解制造乙烯和做制冷剂。

3. 丙烷

丙烷为易燃易爆物质，发生的氧化反应，在充足氧气下燃烧，生成水和二氧化碳，当氧气不充足时，生成水和一氧化碳，同时放出大量热。丙烷有单纯性窒息及麻醉作用。人短暂接触

1%丙烷，不引起症状；10%以下的浓度，只引起轻度头晕；接触高浓度时可出现麻醉状态、意识丧失；极高浓度时可致窒息。

4. 丁烷

丁烷以正丁烷和异丁烷两种形式存在油田气、湿天然气和裂化气中，可经分离而得。正丁烷和异丁烷都是易燃物质，与空气混合能形成爆炸性混合物，遇热源和明火有燃烧爆炸的危险。与氧化剂接触猛烈反应。气体比空气重，能在较低处扩散到相当远的地方，遇火源会着火回燃。高浓度有窒息和麻醉作用。急性中毒会头晕、头痛、嗜睡和酒醉状态、严重者可昏迷。丁烷除直接用作燃料外，还用作溶剂、制冷剂和有机合成原料。

总之，由于天然气中甲烷的含量远远高于其他几种烷烃，故天然气综合性质更接近甲烷。

二、天然气的优势

天然气是较为安全的燃气之一，它不含一氧化碳，也比空气轻，一旦泄漏，立即会向上扩散，不易积聚形成爆炸性气体，安全性较高。采用天然气作为能源，可减少煤和石油的用量，因而大大改善环境污染问题；天然气作为一种清洁能源，能减少二氧化硫和粉尘排放量近100%，减少二氧化碳排放量60%和氮氧化合物排放量50%，并有助于减少酸雨形成，舒缓地球温室效应，从根本上改善环境质量。其优点有：

（1）绿色环保。天然气是一种洁净环保的优质能源，几乎不含硫、粉尘和其他有害物质，燃烧时产生二氧化碳少于其他化石燃料，造成温室效应较低，因而能从根本上改善环境质量。

（2）经济实惠。天然气与人工煤气相比，同比热值价格相当，并且天然气清洁干净，能延长灶具的使用寿命，也有利于用户减少维修费用的支出。天然气是洁净燃气，供应稳定，能够改善空气质量，因而能为该地区经济发展提供新的动力，带动经济繁荣及改善环境。

（3）安全可靠。天然气无毒、易散发，轻于空气，不宜积聚成爆炸性气体，是较为安全的燃气。

（4）改善生活。天然气燃烧后无废渣、废水产生，使用方便、安全、可靠的天然气，改善家居环境，提高生活质量。

三、天然气的危害

1. 天然气对气候的危害

甲烷也是一种温室气体。以单位分子数而言，甲烷的温室效应要比二氧化碳大 25 倍。这是因为大气中已经具有相当多的二氧化碳，以致于许多波段的辐射早已被吸收殆尽了；因此大部分新增的二氧化碳只能在原有吸收波段的边缘发挥其吸收效应。相反地，一些数量较少的温室气体（包括甲烷在内），所吸收的是那些尚未被有效拦截的波段，所以每多一个分子都会提供新的吸收能力。

2. 天然气对人和财物的危害

（1）窒息（也称缺氧效应）。天然气虽然无毒，但是超过一定浓度时，会使氧浓度下降，造成人员窒息，当空气中甲烷达25%～30%时，可引起头痛、头晕、乏力、注意力不集中、呼吸和心跳加速、共济失调。若不及时远离，可致窒息死亡。另外由于 $1m^3$ 天然气完全燃烧大约需要 $10m^3$ 的空气，因此天然气燃烧会把相对封闭空间的氧气消耗完，同样会造成人员窒息。皮肤接触液化的甲烷，可致冻伤，见表 2-2。

表 2-2　窒息的生理特征

阶段	氧（体积分数）	症状
1	21%～>14%	呼吸和脉搏次数增加，肌肉运动协调性会轻度紊乱
2	14%～>10%	有知觉、情绪烦躁、行动非常疲劳、呼吸困难、判断失误、对疼痛失去知觉
3	10%～>6%	恶心、呕吐、行动不自由、虚脱、失去知觉或有知觉但无力行动和喊叫、造成永久脑部伤害
4	<6%	痉挛、呼吸微弱或停止呼吸、在几分钟内死亡

所以当空气中氧气浓度<10%，天然气的浓度>50%时，对人体产生永久伤害。

（2）火灾。天然气是一种易燃易爆的气体，相对密度约为0.6，比空气轻，无色无味无嗅，天然气的爆炸极限是5%～15%，当天然气在空气中混合达到这一浓度范围时，遇到明火将会发生燃烧、爆炸。天然气是易燃物，在空气中达到一定的比例遇到火源就会燃烧，但是天然气的燃烧范围比较窄，在空气中其体积分数为5%～15%。这意味着，当空气中天然气的体积分数低于5%，或者高于15%都不会燃烧。燃烧是可燃物快速氧化，伴有火焰、发光或发烟现象的放热反应。其必备条件是必须同时具有燃料和氧化剂，并且要达到一定的温度才会发生。天然气燃烧热值高，每燃烧一立方米商业品质的天然气可产生38MJ（10.6kW·h）的能量，燃烧可以达到2000℃以上的高温。另外燃烧会产生有害燃烧产物一氧化碳。因此天然气燃烧可以造成人财物的损失。

（3）爆炸。天然气在空气中爆炸浓度为5%～15%的范围内，如果天然气与空气混合均匀遇明火即可发生爆炸，这个浓度范围即为天然气的爆炸极限。这个范围爆炸在瞬间放出大量能量，产生高压、高温，其破坏力和危险性都是非常大的。根据爆炸传播的速度可将爆炸分为轻爆、爆炸和爆轰，传播速度分别为$v<10m/s$、$10m/s<v\leq1000m/s$和$v>1000m/s$。

第三节　CNG的特性

一、高压特性

CNG是天然气的一种储存形式，其最大特性是高压，便于运输和储存。一般加气站内储存压力可以达到25MPa，充装到CNG汽车上的压力一般也要接近20MPa。压力高也会造成伤害。高压产生的主要问题有四，一是高压容器及管道在超压状态下会产生物理爆炸；二是压力容器在反复充装下，会影响容器的疲劳强度；三是天然气的少量酸性气体会对压力容器内部产生腐蚀，降低寿命，发生物理爆炸；四是安全附件的失效可能导致CNG

的泄漏，泄漏时高压气体会伤害人或致使气瓶飞出。

二、抗爆性能

压缩天然气的抗爆性相当于汽油的辛烷值在130左右，高于市场上所见到的汽油辛烷值，所以CNG作为汽车燃料不需辛烷值改进剂。天然气发动机与汽油发动机相同，采用火花塞点火，而且设计上可以把压缩比(Compression ratio)提升至11左右，弥补在能量热值上的不足。近年来发动机技术取得了明显进步，通过提高压缩比，采用多点喷射系统与涡轮增压技术，其动力输出性能已经与传统汽柴油发动机接近。

三、清洁性

使用压缩天然气替代汽油作为汽车燃料，可使CO排放量减少97%，碳氢(CH)化合物减少72%，氮氧(NO)化合物减少39%，CO_2减少24%，SO_2减少90%，噪音减少40%。另外由于天然气分子结构简单，燃烧充分，可减少积炭，可降低机械摩擦的耗损，可延长汽车大修理时间20%以上，润滑油更换周期延长到1.5×10^4km。提高了发动机寿命，维修费用降低，比使用常规燃料节约50%左右的维修费用，见表2-3和表2-4。

表2-3　薪柴和化石燃料热值和氢碳比

项目	薪柴	煤	石油	天然气
总热值/(kJ/kg)	6280~8374	20934~29308	41868~46055	54428
氢碳比	1∶10	1∶1	2∶1	4∶1

表2-4　压缩天然气技术替代汽油后产生的效益

效益类别	项目	效益值	与燃油比减少量/%
经济效益	可替代汽油	12090t	—
	节省燃料费	2214万~4380万元	30~40
	节省维修费	800万元	40
环境效益	减少CO排放量	124.1t	97
	减少NO_x排放量	106.25t	39
	减少碳氢化合物排放量	87.97t	72

续表

效益类别	项目	效益值	与燃油比减少量/%
环境效益	减少颗粒杂质	1. 6t	—
	减少铅化物	1. 5t	100
	减少 CO_2 排放量	6964t	24
	减少 SO_2 排放量	7. 245t	90
	减少噪声	—	40

注：以上数据是由 1000 辆公交车计算，年耗气量 $1572\times10^4m^3$。

四、安全性

CNG 的压缩、储运、减压、燃烧过程，都是在密闭状态下进行的，不易发生泄漏。天然气比空气轻，即使有泄漏，在高压下也会迅速扩散，不易着火。天然气燃点为 650～700℃，不易发生燃烧。CNG 储气瓶和相关汽车配件的加工、制造、安装有严格的规范和标准，可确保安全。同时压缩天然气是非致癌、无毒、无腐蚀性的。从国内使用十多年压缩天然气的经验来看，天然气汽车比燃油汽车更安全。

第四节　车用压缩天然气的质量要求

一、车用压缩天然气质量指标

车用压缩天然气直接加注到压缩天然气车辆中，要能够保证车辆使用的动力要求和安全要求。而以城市管网为基础的母站或子站，其进口天然气质量也会影响着出口天然气质量，直接影响着车辆的动力和安全，所以对压缩天然气加气站进口天然气质量也要严格控制。

1. 天然气质量技术要求

天然气按高位发热量，总硫、硫化氢和二氧化碳含量分为一类、二类和三类。

为充分利用天然气这一矿产资源的自然属性，依照不同要求，结合我国天然气资源的实际，本标准主要根据总硫、硫化氢和二氧化碳含量将天然气分为三类。

一类和二类气体主要用作民用燃料和工业原料或燃料，三类气体主要作为工业用气。世界各国商品天然气中硫化氢控制含量大多为5~23mg/m^3。考虑到在城市配气和储存过程中，特别是混配和调值时可能有水分混入。为防止配气系统的腐蚀和保证居民健康，本标准规定一类、二类天然气中硫化氢含量分别不大于6mg/m^{3}和20mg/m^3。天然气的技术指标应符合表2-5的规定。

表2-5 天然气技术指标

项目		一类	二类	三类
高位发热量①/(MJ/m^3)	≥	36.0	31.4	31.4
总硫(以硫计)①/(mg/m^3)	≤	60	200	350
硫化氢①/(mg/m^3)	≤	6	20	350
二氧化碳/%	≤	2.0	3.0	—
水露点②,③/℃		在交接点压力下，水露点应比输送条件下最低环境温度低5℃		

①本标准中气体体积的标准参比条件是101.325kPa，20℃。

②在输送条件下，当管道管顶埋地温度为0℃时，水露点应不高于-5℃。

③进入输气管道的天然气，水露点的压力应是最高输送压力。

作为民用燃料的天然气，总硫和硫化氢含量应符合一类气或二类气的技术指标。作为车用天然气应达到一类标准，因为车用天然气压力一般为20~25MPa，硫化氢可以直接与水溶成酸，硫也可以在燃烧之后形成硫酸，会腐蚀压缩机、管道、储气瓶、车用储气罐，使设备强度降低发生物理爆炸。也可对车辆发动机及排气系统造成腐蚀，影响车辆使用寿命。

2. 车用压缩天然气质量技术要求

汽车用天然气质量应符合《车用压缩天然气》(GB 18047—2000)及《汽车用压缩天然气钢瓶》(GB 17258—2011)的有关规定，见表2-6。

表 2-6　压缩天然气气质技术指标

项目		指标
高位发热量/(MJ/m^3)	≥	>31.4
甲烷	>	90.0
二氧化碳	<	3.0
氧气	<	0.5
杂质含量/(mg/m^3)		
总硫含量/10^{-6}		270
硫化氢	≯	20.0
水分	≯	10.0
尘埃	<	5.0
水露点/℃		在汽车驾驶的特定地理区域内，在最高操作压力下，水露点不应高于-13℃；当最低气温低于-8℃，水露点应比最低气温低5℃

3. 车用压缩天然气检验项目

压缩天然气检验项目和方法，见表 2-7。

表 2-7　压缩天然气检验项目

序号	项目	方法标准	备注
1	高位发热量	GB/T 11062	
2	总硫	GB/T 11060.4	
3	硫化氢	GB/T 11060.1	
4	二氧化碳	GB/T 13610	
5	氧气	GB/T 13610	
6	水露点	GB/T 17283	
7	相对密度	GB/T 11062	
8	燃气类别(沃泊指数)	GB 18047 附录 B　GB/T 11062	

4. 加气站压缩天然气进站质量检验项目

加气站压缩天然气进站质量检验项目见表 2-8。

表 2-8　进站天然气检验项目

序号	项目	方法标准	备注
1	高位发热量	GB/T 11062	
2	总硫	GB/T 11060.4	
3	硫化氢	GB/T 11060.1	
4	二氧化碳	GB/T 13610	
5	水露点	GB/T 17283	
6	相对密度	GB/T 11062	
7	燃气类别(沃泊指数)	GB 17820 附录 B　GB/T 11062	

二、车用压缩天然气质量指标分析

1. 车用压缩天然气组成

天然气组分变化很大，甲烷含量在 40%的范围内变化。一般天然气甲烷含量在 80%以上，而油田伴生气甲烷可能只有 50%，乙烷含量可能超过 20%。天然气组分是确定天然气综合指标的基础，见表 2-9。

表 2-9　天然气组分表

组　分	CH_4	C_2H_6	C_3H_8	iC_4H_{10}	nC_4H_{10}	iC_5H_{12}	nC_5H_{12}	CO_2	N_2
含量/%(体积分数)	93.83	3.06	0.60	0.10	0.12	0.06	0.10	0.60	1.46

2. 高位发热量

天然气作为燃料在燃烧时会发出热量，其发热量会随组分变化而有很大差别。在描述发热量时用到两个基本概念，即低位发热量和高位发热量。低位发热量是指在大气条件下单位容积含氢燃料燃烧时，全热量中减去不能利用的汽化潜热，称为低位发热量。高位发热量是指在大气条件下单位容积含氢燃料燃烧时，将所发生蒸汽的汽化相变焓计算在内的热量称为高位发热量。天然气的发热量的规律是烃组分多、杂气少则发热量高，烃类中热值高的组分越多发热量越多。

在实际应用中有多种表示发热量的单位，用得较多的是一标准立方米天然气完全燃烧放出多少兆焦的热量，见表 2-10。在质量检验中主要采用气相色谱法检测。

表 2-10　天然气组分与燃烧热值对应表

项目	甲烷	乙烷	丙烷	异丁烷	正丁烷	戊烷	氮气	高位热值	低位热值	华白数	燃烧势	气体相对密度
	CH_4	C_2H_6	C_3H_8	iC_4H_{10}	nC_4H_{10}	C_5H_{12}	N_2	MJ/Nm^3			CP	
	%(体积分数)											
广东LNG	88.77	7.54	2.59	0.45	0.56	0	0.07	44.61	40.39	56.05	41.85	0.6335
福建LNG	71.89	5.64	2.57	1.44	0	3.59	14.87	43.16	39.21	46.85	32.03	0.7677
海南LNG	78.48	19.83	0.457	0.004	0.002	0.001	1.222	45.66	41.38	56.1	43.89	0.6623
新疆LNG	82.422	11.109	4.553	0	0	0	1.916	45.24	40.99	55.55	41.91	0.6631
中原LNG	95.88	3.36	0.34	0.05	0.05	0.02	0.3	41.05	37.07	53.99	40.85	0.578

注：表内参数均为标准状态下(0℃、101.325kPa)值，大部分数据来源于资源方提供的化验数据。一般情况下，出于商务方面的考虑，实际供应的天然气热值要较表中值低一些。

3. 总硫、硫化氢含量

天然气中的硫主要以硫化氢和有机硫化物的形式存在。在天然气质量检验中主要检验两个指标，总硫、硫化氢含量。因为硫化氢是剧毒且有恶臭气味的气体，溶于水后形成氢硫酸，能腐蚀许多种金属，也能产生氢脆现象，给对天然气生产和使用造成严重损失，所以硫化氢是重点检验项目。另外所有硫化物燃烧后排放造成环境污染。

总硫含量是指天然气中所含所有硫化物中硫的总量，以元素硫对天然气的质量百分比来表示。硫化氢含量是指天然气中所含硫化氢的总量，以硫化氢对天然气的质量百分比来表示。总硫采用库仑法检测，硫化氢采用湿式流量计化学滴定法检测。

4. 二氧化碳含量

二氧化碳是天然气中常见的酸性组分之一，有的气井二氧化碳含量甚至高达90%以上。而二氧化碳不能燃烧，其含量过多，在使用过程中会降低发热量。所以要限制其含量，以保证CNG的燃烧性能。在质量检验过程中采用气相色谱法检测。

5. 水露点

天然气水露点指在一定的压力下天然气中的水蒸气开始凝结出游离水的温度。在露点时，天然气与液体水处在平衡状态，降温或升压都将引起水蒸气凝结。

管道输送未经脱水的天然气时，随着温度降到露点或更低，天然气中的水蒸气会凝析出来，聚集在管道低洼处，形成积液堵塞、增加阻力、腐蚀管道等问题。天然气含水量与露点的关系见表2-11。

表2-11　天然气含水量与露点的关系　　mg/m^3

压力/MPa 露点/℃	4.5	5.0	5.5	6.0	6.5	7.0	7.5
10	314	286	257	242	223	210	200
5	210	195	180	170	160	152	142
0	160	150	140	120	115	112	108
−5	114	105	96	88	82	80	75
−10	80	75	67	64	60	57	54

在车用天然气质量检验中，水露点是指被测气体通过可以不断降温的测试仪器镜面时，有凝析物产生结露时的温度，可以表征气体中的水含量。

在车用天然气加工和加注过程中，CNG中的水分有很大的危害：

（1）形成水合物，造成CNG燃料用车内的天然气管道、储气瓶嘴、充气嘴等小口径产生沉积截流现象，使系统不能正常运行。

（2）加速天然气中酸性气体对气瓶和高压管线的腐蚀。

（3）环境温度较低时，容易形成结冰，或是在压降比较大的时候，形成冰堵现象。

控制水露点实际就是控制 CNG 中的水分含量。水露点是 CNG 生产、经营、使用过程中需要重点控制的指标，对生产储运设备、车辆使用性能有重要影响。

水露点标准检测方法为冷却镜面凝析湿度计法。生产过程中使用的在线检测仪不是标准方法，常有误差，需要校正，以标准方法为准。

6. 天然气的烃露点

天然气的烃露点是指在一定压力下从天然气或油田气中开始凝结出烃类液体的温度。天然气的烃露点与天然气的压力和组成有关。微量重烃的影响甚至比常量轻组分的影响还要显著。用管道输送未经控制烃露点的天然气，当温度降至烃露点以下时，烃蒸气便凝结成液体，在管道低洼处形成积液，影响正常输气，甚至堵塞管道，因此进入长输干线的天然气的最低温度必须高于天然气的烃露点。

天然气的烃露点是天然气输送过程中需考虑的重要指标，烃露点控制的原则主要是管输条件下不产生烃类凝析物为基本原则。一些国际组织和国家对天然气烃露点的要求见表 2-12。

表 2-12　部分国际组织和国家对烃露点的要求

序号	组织或国家	烃露点的要求
1	ISO	在交接温度压力下，不存在液相的水和烃（见 ISO13686：1998）
2	EASEE-Gas①	在 1～70bar②下，烃露点-2℃。2006 年 10 月 1 日实施
3	奥地利	在 40bar，-5℃
4	比利时	高达 69bar 下，-3℃
5	加拿大	在 54bar，-10℃
6	意大利	在 60bar，-10℃
7	德国	地温/操作压力

续表

序号	组织或国家	烃露点的要求
8	荷兰	压力高达 70bar 时，-3℃
9	英国	夏：69bar，10℃。冬：69bar，-1℃
10	俄罗斯	温带地区：0℃；寒带地区：夏-5℃，冬-10℃

① EASEE-Gas 为欧洲能量合理交换协会——气体分会（EuropeanAssociation for the streamlining of energy exchange-Gas）。

② $1bar=10^5Pa=0.1MPa$。

7. 华白数指标

当燃烧器喷嘴前压力不变时，燃具热负荷 Q 与燃气热值 H 成正比，与燃气相对密度的平方根成反比，而燃气的高热值与燃气相对密度的平方根之比称为华白数。

华白数是代表燃气特性的一个参数，最早于 1926 年由意大利人华白（Wobbe）提出，又称沃泊指数，现为各国所通用。若两种燃气的热值和密度均不相同，但只要它们的华白数相等，就能在同一燃气压力下和同一燃具上获得同一热负荷。如果其中一种燃气的华白数较另一种大，则热负荷也较另一种大。因此华白数又称热负荷指数。如果两种燃具有相近的华白数，则在互换时能使燃具保持相似的热负荷和一次空气系数。如果置换气的华白数比基准气大，则在置换时燃具热负荷将增大，而一次空气系数将减少。因此华白数是一个互换性指数。各国规定在两种燃气互换时华白数的变化不大于±（5%~10%）。

城市燃气应按燃气类别及其燃烧特性指数（华白数 W 和燃烧势 CP）分类，并应控制其波动范围。

华白数 W 按式（1）计算：

$$W=\frac{Q_g}{\sqrt{d}} \tag{1}$$

式中 W——华白数，$MJ/m^3(kcal/m^3)$；

Q_g——燃气高热值，$MJ/m^3(kcal/m^3)$；

d——燃气相对密度（空气相对密度为 1）。

燃烧势 CP 按式(2)计算:

$$CP = K \times \frac{1.0H_2 + 0.6(C_mH_n + CO) + 0.3CH_4}{\sqrt{d}} \quad (2)$$

$$K = 1 + 0.0054 \times O_2^2 \quad (3)$$

式中 CP——燃烧势;

H_2——燃气中氢含量,%(体积分数);

C_mH_n——燃气中除甲烷以外的碳氢化合物含量,%(体积分数);

CO——燃气中一氧化碳含量,%(体积分数);

CH_4——燃气中甲烷含量,%(体积分数);

d——燃气相对密度(空气相对密度为1);

K——燃气中氧含量修正系数;

O_2——燃气中氧含量,%(体积分数)。

第三章　天然气压缩与安全

第一节　天然气净化

未经过处理的天然气中都含有硫、水和其他杂质，这些杂质不仅会影响天然气的热值及辛烷值，还会影响管道、加气站设备和天然气汽车的安全，所以必须对进入加气站的天然气在压缩前和压缩后进行净化处理。净化过程也称为“三脱”，即脱水、脱烃、脱硫。

脱水，即去除天然气中的水分，使含水量<16mg/m³，以防止压缩天然气在减压膨胀降温过程中对供气系统造成冰堵。

脱烃，即脱去天然气中的轻烃，使乙烷及重烃含量<3%，以防止发动机点火燃烧不正常。

脱硫，即脱除天然气中的硫化氢等酸性气体，使其分压≤0.35kPa，以防止对设备管线和储气瓶的腐蚀。

此外，对于有油润滑的压缩机而言，还存在一个脱油问题。

一、天然气脱水

天然气在加压、降温过程中，当达到其水露点时，其中的气相水就会以游离水的形式析出，如果又处在其水合物生成线以下的压力与温度区域时，天然气中的烃类组分还会和水生成水合物。因此，液态水的存在会严重损害汽车及加气站的安全。

（1）由于汽车的充气及用气过程都是等焓节流膨胀，会产生很大的温度降，若析出的液态水会在管道和阀门产生冰堵，使汽车无法开动。另外，气瓶充气过程中因水堵会使充气也被迫中断。

（2）当环境温度等于或低于 0℃时，析出的游离水将结冰而冻结系统的设备和管道；

(3)在高压状态下，液态水的存在会在贮气容器中生成水合物。压力为25MPa、相对密度为0.68的天然气在24℃时就可能生成水合物，同样会堵塞管道和阀门。

(4)液态水的存在加强了酸性组分(H_2S、CO_2)对压力容器及管道的腐蚀，并可能发生硫化氢应力腐蚀开裂及二氧化碳腐蚀开裂，导致爆炸等灾难性事故的发生。

因此，无论是天然气加气站还是天然气汽车，使压缩天然气的含水量达到标准是至关重要的。天然气的脱水深度应根据加气站所在地区的最低大气温度来确定，其表示方法为储气瓶储气压力下的水露点(PDP)，也可用天然气中的残余水含量来表示。只要将天然气的含水量脱除到符合标准，无论是加气站还是汽车都不会发生因天然气含湿量引起的有关问题。

有许多方法可用于天然气脱水，并使之达到管输要求。这些方法按其原理可分为冷冻分离、固体干燥剂吸附和溶剂吸收3大类。近年来国外正在大力发展用膜分离技术进行天然气脱水，但目前在工业上还应用不多，压缩天然气脱水属深度脱水，几乎都采用固体干燥剂吸附方法。

固体干燥剂脱水的操作过程是周期性的，用一个或多个干燥塔吸附脱水，干燥剂应采用吸水能力比吸烃类或吸酸性气体能力强的吸附剂。由于吸附时产生吸附热，用热气流加热就会使吸附剂脱附水分，同时吸附剂得到再生，再生冷却后分离出水分。

固体干燥剂有多种，如氯化钙、活性炭、硅胶、氯化铝、分子筛等。各种固体干燥剂的吸附过程基本上是一样的，其设备和工艺流程也相同。

分子筛法是压缩天然气常用的高效脱水剂，分子筛脱水的主要优点有：

(1) 分子筛可以使气体深度脱水。同时，由于在相对温度低时它的吸附量比其他吸附剂高，因而可以缩小干燥塔尺寸，节约投资，也使得在相同条件下，分子筛床层高度比硅胶氧化铝低得多，所似气体通过分子筛床层的降压比硅胶、氧化铝低。

（2）分子筛在较高温度下，也能有效地干燥气体。如在93℃温度下，5A分子筛的温容量为15%（质量分数），而其余的吸附剂在此温度下的温容量几乎可以忽略不计了。这就使得分子筛床层可以在绝热条件下操作，从而减少投资，而且可以在再生未得到完全冷却时就能转为吸附。因而可以缩短再生周期，降低动力消耗。

（3）能选择性地吸附水分，避免发生重烃类共吸附而使吸附剂失效，从而延长了吸附剂的寿命。如若需要，可以同时除去其他选定杂质，如在脱水的同时，降低气体中的 H_2、S、CO和硫醇等的含量。

（4）分子筛不易被液态水损坏，而硅胶等吸附剂遇水则容易破碎。

虽然分子筛的成本较高，但由于有如上一些优点，这点不足也就得到了弥补。分子筛用于天然气脱水多使用4A型。

事实上，各种吸附剂都具有不同的特点。如氯化钙法可用于高寒地区，但腐蚀严重，氯化钙与油生成乳化物，与硫化氢生成沉淀，废渣废水的处理也颇为麻烦，不适用于温带和热带：硅胶吸附能力很好，但遇到液态水、油料等又易粉碎，处理量大时很快就失效，只适用于处理量小而含水量又不大的情况；氧化铝法是较好的方法，吸附能力较好，但是它的活性损失较快，持别是酸气体较多时容易变质，所以需要经常更换吸附剂，故成本较高；高酸性分子筛出现后，即使高酸性天然气也可以先脱水而不脱酸性，但其成本稍高，并且需要专门设备。

另外，按脱水系统在天然气加气站工艺流程中的位置又可分为低压脱水（又称为压缩机入口级脱水）、中压脱水（又称为压缩机中间级脱水）、高压脱水（又称为压缩机末级出口脱水）3种方式。

1. 低压脱水

脱水系统放置在压缩机一级入口处，采用闭式回路进行循环再生，其工艺流程如图 3-1 所示。再生后分子筛的残余水含量取决于再生气的含水量及再生操作条件，而再生气的水含量则取决于大气温度，无论采用水冷还是空冷都是如此。在未采取防冻技术措施的情况下，是不可能将再生气冷却到 0℃的，设计上至少要保证冷却温度不低于 3~5℃。同时，在压缩机入口处脱水，因其压力低，若要使天然气达到储器在储存条件下的 PDP 值低于冬季最低气温 5℃，则要求低压脱水后的 PDP 要大大低于储存条件下的 PDP。为了有效、经济地实现低压脱水后天然气的 PDP 值折算到储存条件后能满足要求，正确、合理的设计是十分关键的。

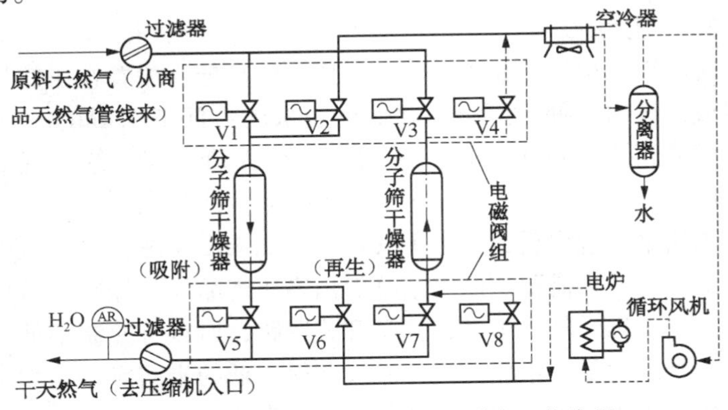

图 3-1 压缩天然气加气站低压脱水工艺流程

原料天然气含水量达到国际管输时，最适合选用低压脱水。在这种场合，选用低压脱水具有以下优点：

（1）整个脱水系统压力等级很低，设计、制造、检验、运行、维护管理等都十分简便；

（2）安全性很好，几乎不需要设置任何安全放空系统；

（3）产品气产率为 100%，这是因为不需要将产品气用于再生，所以产品气无耗损的缘故：

（4）属非饱和状态脱水，设备尺寸小，能耗低，如果每天处理 10000m^3、水含量达到国际管输标准的天然气的压缩天然气低压脱水系统，其分子筛干燥器直径仅为200mm，电炉功率也只有2kW；

（5）由于在天然气进压缩机前就已将其中的水除去，因此有利于降低压缩机的故障率，压缩机的无故障运行周期较长；

（6）避免了分子筛干燥剂被压缩机润滑油污染：

（7）易于实现在线分析和全自动化操作，特别有利于实行撬装化，从而大大减小占地，很适合城市建站使用；

（8）一次性投资费用少，安装快捷。整个脱水系统可全部在制作工场组装完毕，现场的工作量仅是系统就位，以及水、气管道和少许电缆的连接。

2. 中压脱水

脱水系统根据压缩机一级入口压力的高低，放置在压缩机的一级或二级出口处，原则是要保证脱水压力低于4.0MPa，采用开式回路再生，再生气返回压缩机一级入口，其工艺流程如图3-2所示。

该法采用脱水后的中压干气再生，如果要考虑在压缩机停运状态下再生，则需要从储气系统引出高压产品气，经减压后作再生气。由于再生气为干气，且是开式回路，所以可控制很低的分子筛残余水含量，从而可使产品气获得很低的水露点，能满足压缩天然气脱水需要。原料天然气水含量高或在极其寒冷的地域建站，应选用中压脱水。在原料天然气水含量高出国际管输标准很多的场合，如果采用低压脱水，则设备相当庞大，电耗也很高，显然是很不经济的。但如果采用中压脱水，就可大大减少天然气的水负荷，保持较小的设备尺寸和电耗，又可使系统压力等级增加得不多。在极其寒冷的地域，要使脱水深度符合极其寒冷环境温度的需要，采用低压脱水就需要在回路中增设制冷装置，这将使系统复杂化，而且也不经济，但如果采用中压脱水，便可十分方便地解决极其寒冷环境温度的问题。另外，由于中压脱水压力等级不高，通常吸附压力都低于4.0MPa，因此仍能很容易地实现在线分析和自动化操作，其设计、制造、检验，安装，维护管理也不复杂，但是，中压脱水存在着含水天然气进入压缩机低压级缸(一级或一、二级缸)时会给内部部件带来损害，润滑油污染分子筛干燥剂，脱水系统与压缩机本体直接关联，使操作相对复杂等缺陷。

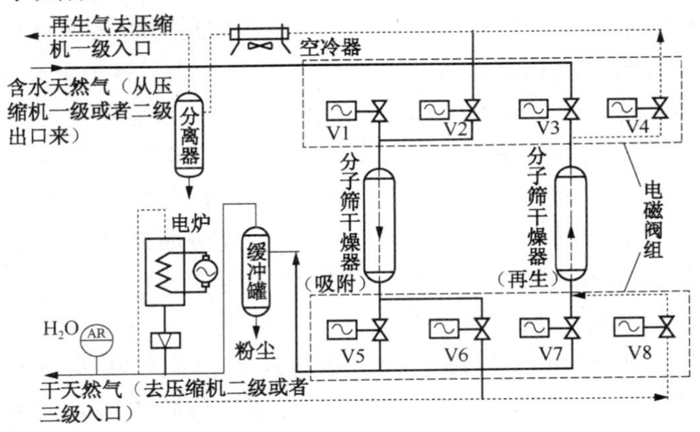

图 3-2　压缩天然气加气站中压脱水流程

3. 高压脱水

脱水系统放置在压缩机最后一级出口处，脱水在储存压缩天然气的压力下进行。其工艺流程和中压脱水差不多，但只能采用高压产品气减压后再生，和中压脱水一样，能满足压缩天然气脱水需要。高压脱水用于天然气含水量高的场合，具有设备尺寸小，电炉功率低，用以再生的产品气耗量小等优点。但由于整个脱水系统的主要部分处于高压下，对设备各项要求都很高，所以一次投资费高；另外，含水天然气进入压缩机，对各级汽缸的内部部件带来损害，对高压级的损害更大。由于干燥器系高压设备，且尺寸小，筒体上不能开手孔，因此更换分子筛干燥剂就特别困难。因此，尽量不采用高压脱水。

4. 高压深度脱水装置操作安全注意事项

（1）天然气深度脱水装置出厂前已成功地进行了水压实验，管道吹扫的脱水填料的装填。因此，用户在对本装置进行外管线接口连接以及在对本装置界区外的管路系统进行水压实验或管道吹扫等作业时，切不可随意将本装置的进出口阀门打开。否则，将可能对装置造成油、水、渣的污染，从而导致装置脱水功能失效。

（2）超温保护后须确认温控系统无故障后方可按绿色按钮重新启动控制系统；电加热元件严禁不通气干烧，遵循开动时“先气后电”，关闭时“先电后气”的原则；再生气流量的大小与再生气压差无关，维持在常温压差 0.05MPa 左右即可。

（3）阀组的 8 个切换阀门的操作应严格遵守操作规程，慎防操作失误导致高压串低压引起事故，放空后才能打开相应塔的低压进出口切换阀；吸附操作转为再生操作时，一定要将其内高压气体卸压后方可进行。降压时应缓慢进行，降压速度不大于 0.5MPa/min，以保护塔体本身及塔内固体吸附剂。储气装置压力处于高压状态时，每次用装置进行脱水吸附前必须看到高压过滤分离器后压力表达到 25.0MPa 时才能打开通往压缩气出口的阀门，吸附完成后停装置前应关闭通往储气装置的高压气出口阀门。操作中应以不大于 0.5MPa/min 的速度缓慢升压，防止压力突变，升压时操作人员尽可能远离装置，关闭阀门时不应正对阀杆；装置运行过程中遇到紧急情况或意外事故，应迅速关闭通往储气装置的高压气出口阀门，关闭压缩机，打开放空阀使高压气体迅速放空。切断低压管路进出口阀门，关闭电加热器，打开分离器排污阀门。检修时，装置的任何部分(包括管线、过滤器、分离器等)均应处于常压状态。此时进出口应关好，并应打开高压切换阀及放空阀排气。若检修与站内管线相连的阀门，则与之相连的站内管线也应放至常压。

（4）本装置须采用接零保护，装置金属外壳、金属架构、工艺管线等均应做好可靠接地。必须至少一根接地极，采用 ϕ10 圆钢垂直埋地 2.5m。工作接地、防静电接地可公用一个接地系统，并要求总的接地电阻小于 10Ω；接地极与装置之间采用扁钢连接。由于天然气深度脱水装置属于易燃易爆和火灾危险场所，故现场必须采用本安仪表，并构成本质安全系统。装置区电气设备、材料采用防爆产品，满足防爆要求。电热棒的防爆接线盒进线处用阻火胶泥密封；按照安全规范定期校验再生气冷凝器前低压管线上的安全阀，以防止高/低压切断阀门内泄漏造成高压串低压引发安全事故；装置中压力容器的维护按劳动部《压力容器安全技术监察规程》执行。

二、天然气脱硫

在天然气中常含有 H_2S、CO_2和有机硫化合物，又通称为酸性组分（或酸性气体）。这些气相杂质的存在会造成金属材料腐蚀，并污染环境。当天然气作为化工原料时，它们还会导致催化剂中毒，影响产品质量。另外，CO_2含量过高可使气体的热值达不到要求。因此，天然气脱硫的目的是按用途把气体中的上述杂质组分脱除到要求的规格。

目前，脱硫的方法很多，基本分为两大类，即干法和湿法。常用的湿法脱硫按溶液的吸收和再生方式，又可分为化学吸收法、物理吸收法和氧化还原法三类。

1. 化学吸收法

这类方法是以可逆的化学反应为基础，以碱性溶剂为吸收剂的脱硫方法。一方面溶剂与原料气中的酸性组分（主要是 H_2S 和 CO_2）反应生成某种化合物；另一方面吸收了酸气的富液在升高温度、降低压力的条件下，又能分解而放出酸气。这类方法中最具代表性的是醇胺法。醇胺法是天然气脱硫最常用的方法，以它们处理含酸性组分的天然气，再后继克劳斯法装置从再生酸气中回收元素硫，是天然气脱硫工业上最基本的技术路线。

典型的醇胺法工艺流程如图 3-3 所示。对不同的醇胺溶剂流程是基本相同的，所涉及的主要设备是吸收塔、汽提塔、换热和分离设备。吸收塔底排出的富液经贫/富液换热器与贫液换热而升温，然后进入汽提塔上部；高压下运转的装置通常先使富液经闪蒸罐，尽可能闪蒸出溶解于脱硫溶液中的烃类后再汽提再生，以避免损失原料气和影响再生酸气的质量。汽提塔底部排出的贫液经换热器，冷却后返回吸收塔上部而完成活液循环。汽提出的酸性气体和水蒸气出塔后经冷凝和冷却。冷凝水作为回流液返回汽提塔，分离出的酸气则送往下游的硫磺回收装置(或送往火炬)。

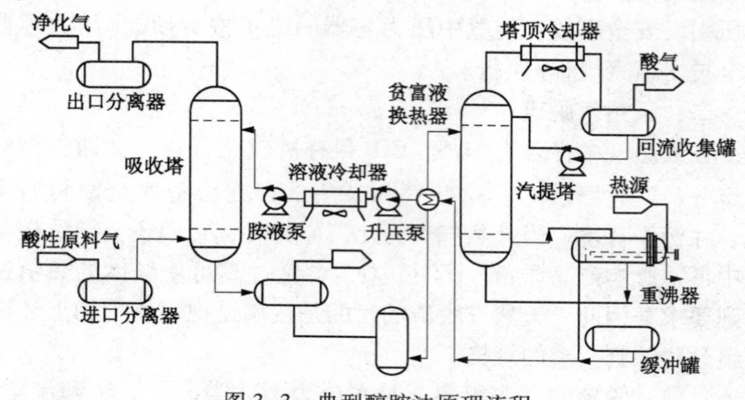

图 3-3　典型醇胺法原理流程

2. 物理吸收法

物理吸收法是基于有机溶剂对原料气中酸性组分的物理吸收而将它们脱除，溶剂的酸气负荷正比于气相中酸性组分的分压。富液压力降低时，随即放出所吸收的酸性组分。物理吸收一般在高压和较低的温度下进行，溶剂酸气负荷高，适宜处理酸气分压高的原料气。此外，物理吸收法还具有溶剂小易变质，比热容小，腐蚀性小，能脱除有机硫化物等优点。但物理吸收法不宜用于重烃含量高的原料气，且多数方法由于受溶剂再生程度的限制，净化度比不上化学吸收法。

3. 氧化还原法

氧化还原法是指以 H_2S 在液相中直接氧化为元素硫为基础的一类气体脱硫方法，故又称为直接氧化法。氧化还原法的工艺流程和操作条件都大致类似，较典型的改良 ADA 法工艺流程(包括熔硫部分)，如图 3-4 所示。原料气在吸收器(塔)中与脱硫溶液

逆流接触而被脱除 H_2S。吸收塔可以采用任何一种高效气—液接触设备。常用的是木格填料塔或喷射塔，也可以用文丘里管。吸收设备的设计要考虑到吸收过程中有元素硫产生的特点，必须防止硫堵塞填料或设备。对 H_2S 含量高的原料气可采用喷射塔吸收，除去大部分 H_2S 后再用填料塔精脱。

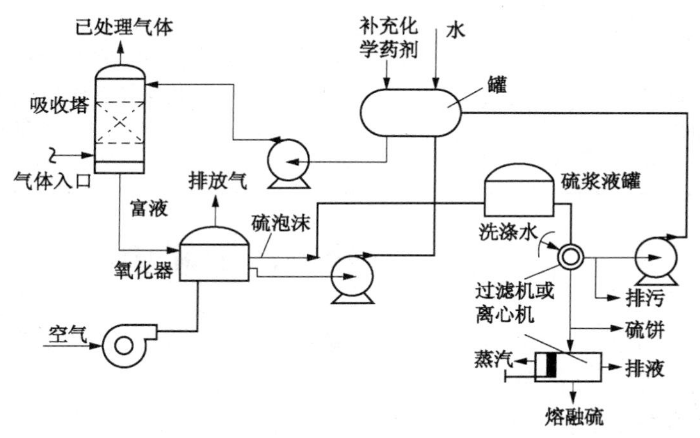

图 3-4　改良 ADA 法的原理流程

世界上通用的液化天然气工厂的酸气吸收工艺主要有三种，即 MEA(单乙醇胺法)洗涤吸收过程、BENFIELD(钾碱法)过程和 SULFINOL(砜胺法)过程。三种基本气体脱硫方法的简况如表 3-1所示。

表 3-1　三种基本气体脱硫方法比较

方法	脱硫剂	脱硫情况及应用
MEA（单乙醇胺法）	15%~25%(质量分数)一乙醇胺的溶液	主要是化学吸收过程。操作压力影响较小，当酸气分压较低时采用该法比较经济。此法工艺成熟，同时吸收 CO_2 和 H_2S 的能力强，尤其在 CO_2 浓度比 H_2S 浓度较高时应用。缺点是需要较高再生热，溶液容易发泡，与有机硫作用容易变质

续表

方法	脱硫剂	脱硫情况及应用
BENFIELD（钾碱法）	20%～35%的碳酸钾溶液中加入烷基醇胺和硼酸盐等活化剂	主要是化学吸收过程。适用在酸气分压较高时采用，压力对操作影响比较大，CO_2浓度比 H_2S 浓度较高时应用比较好。另外，该法需要较低的再生热
SULFINOL（砜胺法）	环丁砜和二异丙醇胺或甲基丙醇胺水溶液	化学吸收和物理吸收共同作用。天然气酸气分压较高时，H_2S 浓度比 CO_2浓度较高，该法比较经济，净化能力强，能脱除有机硫化合物，对设备腐蚀小，但价格较高

第二节　天然气压缩机组

常规站、母站、子站所用设备并不完全相同，但大致均包括压缩机组、气体净化设备、储气器、加气机、充气控制仪（即优先/顺序控制盘）等。其中压缩机组是加气站的主要设备。

一、压缩机组基本概念

压缩机组是加气站最关键、最重要的核心设备，对整个加气站运行的可靠性及成本有决定性影响。选择不当的压缩机组会给加气站带来无法弥补的后患和不可小视的经济损失。

压缩机是一种应用广泛的通用机械，因应用场合的不同而有很多种形式，如往复式、离心式、螺杆式、涡旋式等。天然气汽车加气站使用的大都是具有曲柄连杆的往复活塞压缩机，简称往复压缩机或活塞压缩机。活塞压缩机主要用于一些流量不太大但压力相对较高的场合，这种压缩机对运行参数改变的适应能力较强，可较好适应加气站频繁变化的工作参数。因此，本章重点介绍活塞压缩机。

二、压缩机原理及构成

活塞压缩机的机构原理及构成如图 3-5 所示，曲柄 1 的旋转运动通过来回摆动的连杆 2 转换成十字头 3 的往复运动，用于实现气体压缩的活塞 7 通过一根细长的活塞杆 4 联结在十字头上，与十字头同步往复运动。活塞同心地安装在圆筒形汽缸 10 内，汽缸的一端或两端设有端盖，相应的前部和后部端盖称为缸盖和缸座。活塞、汽缸、缸盖及缸座共同围合成的封闭空间就是用于进行气体压缩的工作腔，当活塞在十字头带动下做往复运动时，工作腔容积做周期性变化，即可实现气体的吸入、压缩和排出。气体进出工作腔的控制部件 11、部件 12 称为气阀，控制进气的部件 11 称为吸气阀，控制排气的部件 12 则称为排气阀。活塞杆穿出汽缸端盖的部位存在环形间隙，需要进行密封，该密封元件 5 称为填料。活塞与汽缸之间同样也存在环形间隙，导致活塞两侧产生气体泄漏，对这一部位进行密封的元件 8 称为活塞环。

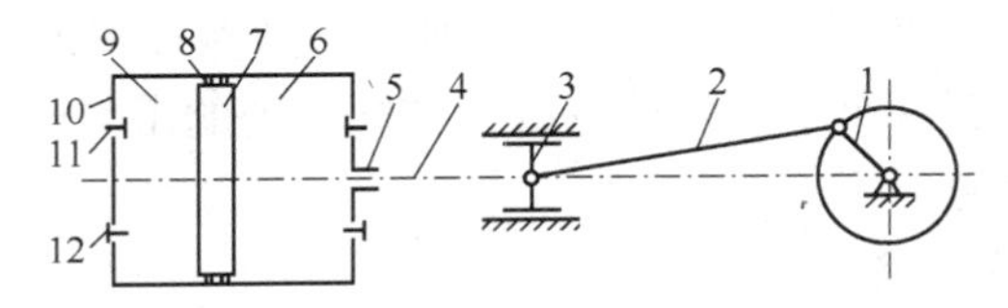

图 3-5　压缩机的机构原理及构成示意图

1—曲柄；2—连杆；3—十字头；4—活塞杆；5—填料；6—工作腔；
7—活塞；8—活塞环；9—工作腔；10—气缸；11—吸气阀；12—排气阀

1. 单作用、双作用

对一个汽缸而言，可能只有活塞的一侧有工作腔，活塞往复运动一周只完成一个工作循环，这称为单作用汽缸。也可能如图 3-5 所示，在活塞的两侧都有工作腔，活塞往复运动一周完成两个相同的工作循环，这称为双作用汽缸。显然，在同样汽缸尺寸的情况下，双作用汽缸较单作用汽缸的气量处理能力要大近一倍。如果一台压缩机的汽缸为单作用汽缸则压缩机可称为单作用式压缩机；若均为双作用汽缸可称为双作用压缩机。

2. 级(单级、多级)

被压缩气体进入工作腔内完成一次气体压缩称为一级。显然，双作用汽缸两侧用于相同压缩目的，应算作一级。一台压缩机的进、排气压力相差较大时，可能需要若干级才能满足压力提升的要求，这称为多级压缩。相应只需要一级就能达到压力提升目标的压缩机则称为单级压缩机。有些文献中提及压缩机“段”的概念，实际上“段”就是“级”，所谓几段压缩机就是几级压缩机。天然气汽车加气站所使用的压缩机都是多级压缩机，一般有2~6级。

3. 列(单列、多列)

一台压缩机，尤其是多级压缩机中，可能有不止一个连杆，通常把一个连杆所对应的一组汽缸及相应动静部件称为一列，一个压缩机有几个连杆就是几列。一列可能对应一个汽缸，也可能对应串在一起的几个汽缸。一列上可能只有一级，也可能有几级。天然气压缩机一般多为2~4列，而且多数情况下每列都设置两级。对于两个不同级的汽缸设在同一列的工作腔内时，称之为级差式汽缸。

4. 水冷、风冷、混合冷却

多级压缩机每一级排出的气体温度都较高，在进入下一级进行压缩前需要先冷却降温；压缩机本身的汽缸在工作过程中温度较高，也需要进行冷却；压缩机的润滑油因带走机器的摩擦热而温度升高，所以同样需要进行冷却。上述热量如果是通过冷却水带走，则称为水冷压缩机；如果是通过强制或自然流动的空气直接带走，则称为风冷压缩机。有时这些部位采用循环水冷却，而循环水又通过风冷散热器进行散热后循环使用，这种冷却方式称为混合冷却。

5. 有油、无油润滑

一般来说，有相对运动的接触部件之间需要进行润滑。工作腔部分的汽缸与活塞环之间存在摩擦，一般的压缩机通过向缸内注油来减小这一部位的摩擦，这称为汽缸有油润滑压缩机。有些压缩机对被压缩气体的洁净度要求较高，不希望油混入；还有些压缩机被压缩气体遇润滑油会产生爆炸，如氧气压缩机，所以这时就不能向汽缸内注油，活塞环与汽缸之间就只能干摩擦了，这称为汽缸无油润滑压缩机。显然，有油、无油的概念仅指汽缸内部。当然，无油压缩机的活塞环材料比较特殊，本身类似于固体润滑剂而有一定的自润滑性能。天然气压缩机两种汽缸润滑方式都有应用。一般讲无论哪一种压缩机，曲轴、连杆、十字头等部位都需用油润滑的，现在一些小型压缩机中应用滚动轴承并用润滑脂润滑时，才称为全无油润滑压缩机。

三、压缩机的结构形式

按照压缩机汽缸轴线相对于地平面的位置及彼此间的关系，可将其大致概括为三类：

立式压缩机——汽缸中心线与地面垂直；

卧式压缩机——汽缸中心线与地面平行，包括一般卧式、对动式，对置式；

角度式压缩机——包括 L 型、V 型、W 型、扇形、星型等。

不同型式的压缩机有各自不同的优缺点，适用的场合也各不相同。当然，这些所谓的优缺点也是相对而言的，很难定论哪种压缩机最适于哪一用途，这也是多种型式的压缩机在天然气汽车加气站中都有应用的原因所在。概括地讲，这三种类型压缩机的大致特点如下：

1. 立式压缩机

立式压缩机的主要优点是：主机直立，占地面积小；活塞重量不支承在汽缸上，没有因此而产生的摩擦和磨损。缺点是：大型时高度大，需设置操作平台，操作不方便；管道布置困难：多级压缩时，级间设备占地面积大。所以，立式压缩机现仅用于中、小型及微型，使机器高度均处于人体高度便于操作的范围内，且中型压缩机主要用于无油润滑结构——活塞无需支承而仅需导向。此外，级数以少为宜，以避免管道布置的麻烦。

2. 卧式压缩机

卧式压缩机大都制成汽缸置于机身两侧的结构，其优缺点恰好和立式压缩机相反。卧式压缩机的级间设备甚至可配置在压缩机的上方或下方，中、大型压缩机宜采用卧式结构。在三种类型的卧式压缩机中，一般单列卧式压缩机则应用较少。

在卧式压缩机中，相对列活塞相向运动的对动式压缩机，也即一般简称为D型的压缩机，其动力平衡性能特别好，并因为相对列的作用力能全部或部分地相互抵消，使主轴承仅受相对列力矩转化的力，故轴承受力情况改善，且不论奇数列还是偶数列都可做成对动式结构，所以现在应用最普遍。对动式压缩机的缺点主要是：两相对列中，总有一列十字头上作用的侧向力向上，而在两止点位置侧向力小时，其重力又向下，因此造成十字头在运动中有敲击，并导致活塞杆随之摆动，从而影响填料的密封性及耐久性；仅两列的对动式压缩机，其总切向力曲线很不均匀，由此使飞轮矩要比角度式结构大。

所谓对置式压缩机，就是其相对列的活塞部件做同步运动，摆放位置对称，故称对置。采用单一连杆而具有框架式十字头的对置式压缩机上要用于超高压的增压压缩机。超高压级一般都是单作用式，采用框架式十字头可使相对列的气体力抵消掉一部分，从而减少了连杆、曲轴的负荷。此外，两列均无向上的侧向力，故运转时比较平稳。这种结构往复质量很大，但因考虑到密封元件等的耐久性，超高压压缩机一般转速不高，其惯性力仍不至超过最大气体力。

3. 角度式压缩机

角度式压缩机优点是结构紧凑，每个曲拐上装有两根以上的连杆，使曲轴结构简单、长度较短，并可采用滚动轴承，缺点是大型时高度大。故角度式压缩机适于用作中、小型及微型压缩机。在V型、L型、W型、T型、扇型及星型等角度式压缩机结构中，星型是较少应用的，因为星型的润滑问题较难解决，当多于一个曲拐时，连杆的安装也很困难；其余几种形式，应视气量及级数等情况选用。角度式压缩机中应用最多的是V型和L型，其管道和中冷器等附件安装布置也不大方便。角度式压缩机的动力平衡性也比较好，结构紧凑。

天然气压缩机这三种形式都有应用。立式结构多为两列，也有三列结构，一般用于常规站和子站，较少用于母站，因为其排量不适于做得太大。卧式压缩机主要用对动式结构，母站、常规站、子站都有应用，前者多为2~4列，后两者一般为1~2列。角度式压缩机主要应用的是V型、W型和L型，也有双重V型和W型结构，但同其他几种形式比较而言，这就显得有些复杂了，角度式结构中L型应用在中国也较多，这是因为传统的动力用压缩机中国均为L型结构，许多工厂有生产此种结构的基础。

四、压缩机组系统构成

通常所说的压缩机一般指机组系统中的主机，压缩机主机本身并不能单独工作，还必须附以级间气体冷却、气体净化、安全保护等装置，这些装置构成的整体称为压缩机组。天然气压缩机组的全部组成部分共同安装在一个底座上，称为橇装结构，有些露天使用时还要加装一个罩壳。有些母站压缩机组因体积较大而不便于采用撬装结构，而需要设置专门的基础。

1. 机组系统流程

压缩机组用于将天然气从0.2~0.5MPa压缩到25MPa。图3-6是一台常规站压缩机组的系统工艺流程图。这是一台四级两列压缩机，压缩机每一级出口设有一个气体冷却器，用于将气体温度降到后续部分允许的范围内。每一级气体冷却器后设有一个气液分离器，用于将天然气中携带的润滑油和因冷却而析出的水分分离掉，尤其是最后一级必须要分离干净，否则水分和润滑油会对加气机和车辆燃料供应系统产生比较大的危害。整个机组进口设有一个容积比较大的缓冲过滤器，其作用一是给压缩机营造一个平稳的吸气压力，一是分离掉天然气中可能携带的水滴和其他杂质。各级汽缸排气口设有缓冲罐，以减小气流压力脉动，保证压缩机运行平稳。

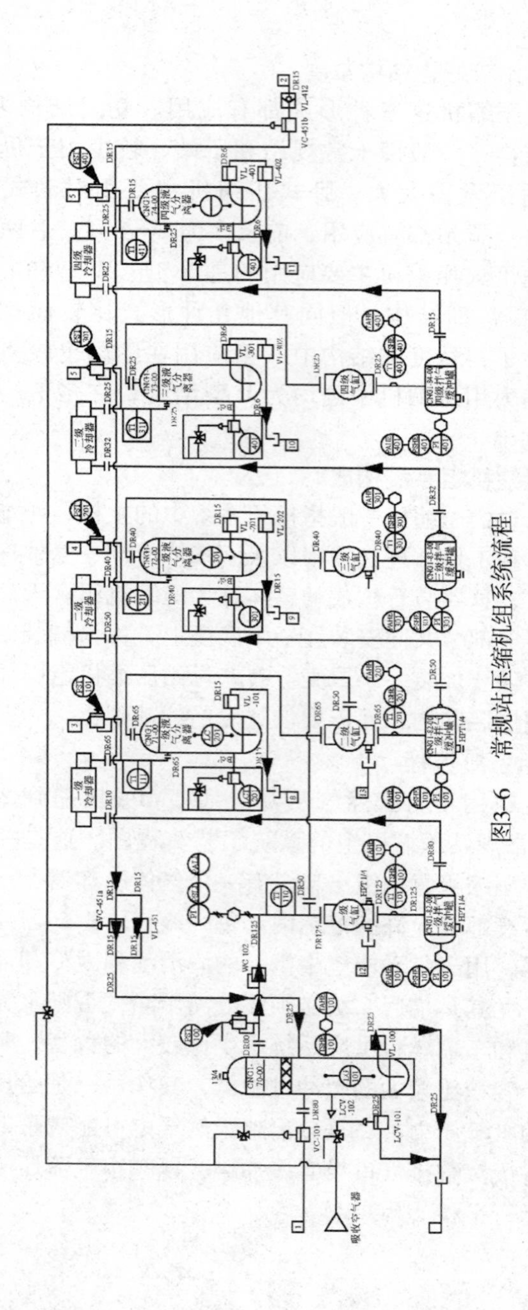

图3-6　常规站压缩机组系统流程

整个机组进、出口均设有截止阀，用于停机时将压缩机组与其后的地面储气设备及前面的天然气管道隔断，它可以是手动的，也可是气动或电动的。机组出口还设有单向阀，防止停机时地面储气装置中的高压气体倒流回压缩机组。压缩机第一级进口与最后一级出口之间设有由气动阀控制的旁通管路，用于开机时减负荷启动。每一级的气液分离器上都设有安全阀，其整定压力可保证前面设备在安全压力范围内。每一级气液分离器都设有气动阀控制的排污装置，进行定时自动排污。每一级汽缸出口都设有压力和温度传感器，用于检测相应信号。两列填料漏气集中放空，各处排污也集中排放。气动阀所需要的压缩空气由另外的微型空气压缩机提供，天然气压缩机组要求防爆，而该微型空压机并不防爆，而是置于离机组比较远的位置。

图 3-7 是一台子站压缩机组的系统工艺流程图，这是一台两级压缩机，用于将天然气从转运槽车转移到地面储气瓶组。压缩机的吸气压力区间是 20～3MPa，额定排气压力是 25MPa。该压缩机在吸气压力较低时采用两级压缩，而在吸气压力较高时采用单级压缩。压缩机每一级出口只设置了冷却器，显然是一台无油压缩机。为保证压缩机在剧烈变化工况下的平稳工作，每一级进出口均设有缓冲罐。气动阀 V1～V4 用于压缩机减负启动、停机卸载、正常工作等工况的联合控制及切换。手动控制阀 B1、B2 用于机组初次或维修后启动前的空气置换。同常规站压缩机一

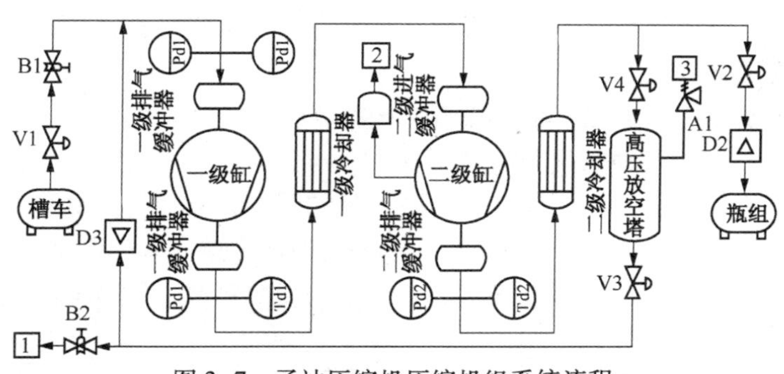

图 3-7　子站压缩机压缩机组系统流程

样，机组进口和各级出口均设有压力和温度检测装置，以作为机组控制的依据。机组出口的单向阀用于防止停机后地面瓶组高压气体的倒灌。不同公司生产的子站压缩机组系统构成差别很大，早期及目前产品的差别也很大，起因在于不同的设计思路。显然，同常规站压缩机组相比，子站压缩机组中的部件要少一些，但其控制也较复杂。

母站压缩机组的系统构成与常规站相似，各级冷却器及气液分离器必不可少，只是母站压缩机缸体和中冷器一般采用水冷。压缩机因功率较大，为提高机械效率，一般多为有油润滑。母站压缩机的吸气压力较高，所以为三级压缩方案。有些母站压缩机采用两列结构，也有些排量较大的母站压缩机采用四列结构，此时各部件因受力较小而尺寸可做得小一些。

2. 机组系统附属设备

子站、母站、常规站压缩机组的构成设备并不完全相同，但基本一致。主要是气体冷却器和气液分离器，此外还有油冷却器、油泵、注油器、管道、照明、取暖、漏气监测等装置。

冷却器的形式有水冷和风冷两种。水冷冷却器多采用管壳式结构，它主要由换热管束、外壳、用于固定换热管的端板（也称管板）、热膨胀补偿装置以及折流板、封头、法兰等构成。换热管内的通道称为管程，换热管外即壳体内的通道称为壳程。气体压力低时，气走壳程，水走管程，这样可获得较大的气侧换热面积；气体压力高时，气走管程，水走壳程，这样可获得较高的气侧通道强度。

水冷冷却器也有采用蛇管结构的，各级冷却器均绕制成螺旋蛇管形，同心地置于同一个水箱中。管径较大的低压管盘在外圈，管径较小的高压管盘在内圈，各蛇管设有支撑与夹紧件，水由水箱下方进入由上方溢出。这种冷却器结构简单、制造方便，但水流速较低，换热效果稍差。因结构简单紧凑，供气量小时也常被使用。

风冷冷却器，多级天然气压缩机的各级冷却器及油冷却器组合成一个整体，共用一个风机，构成冷却器组件。风冷冷却器的换热元件是双金属整体轧制翅片管，这种翅片管分内外两层，外层一般采用延展性好、抗大气腐蚀能力强、具有良好传热性能的金属，如铝材等轧制；内层可使用耐腐蚀的不锈钢管。经轧制后，内外管紧密结合在一起，有较高的传热效率，同时翅片整体性和刚度都较高，对震动的抵抗力也较强，使用寿命较长。

油冷却器一般置于组合冷却器中，也有些机组将油冷却器单独设置，并用一个小的风机专门进行冷却，这样做是为了保证润滑油的冷却效果。

气液分离器的作用是将前一级气体中所携带的润滑油及冷凝水滴分离掉，因为这些油滴和水滴进入下一级汽缸会粘附在气阀上，影响气阀正常工作及寿命，水滴附在缸壁上还会导致润滑恶化。气液分离器按作用原理分为惯性式、过滤式及吸附式三种。惯性式主要靠液滴和气体分子的质量不同，通过气流转折利用惯性进行分离；过滤式主要依靠液滴和气体分子的大小不同，使气体通过多孔性过滤材料而液滴被阻隔将二者分开；吸附式则是利用液体的黏性使之吸附在容器或某一材料的表面而得以分离。天然气压缩机使用的气液分离器一般同时使用惯性和过滤两种分离手段，先使气体通过惯性手段进行大液滴的初分离，然后利用过滤材料进行精分离，折流装置与滤芯共同安装在一个长圆筒形壳体内。

排气缓冲罐对减小排气压力脉动，稳定排气压力具有重要的作用。单作用汽缸缓冲罐的容积可取为是汽缸工作容积的 10~15 倍，双作用汽缸缓冲容积可取容积流量相同的单作用汽缸缓冲容积的 1/2.5，相位差为 90°的两个双作用汽缸共用的缓冲罐，其容积可取单作用汽缸缓冲容积的 1/6.2。缓冲器越靠近汽缸安装，其缓冲效果越好，越远离汽缸安装，其缓冲容积越大才能有缓冲效果。在安装空间允许的情况下，缓冲器尽量直接与汽缸进、排气口法兰直接相连。另外，缓冲器平卧安装比竖立安装的效果要好。缓冲器有圆筒形和球形两种形式。容积相同时，球形缓冲器的缓冲效果优于圆筒形，尤其是高压级采用球罐更优越。多台压缩机并联运行时，还要使用集管器，以控制脉动气流的压力不均匀度在许用范围之内，集管器的通流面积要足够大，且要注意分支管的长度，避开一阶和二阶气柱共振。

机组进口缓冲过滤器的容积很大，有时达到汽缸工作容积的上百倍，内部中上端设有金属丝网过滤器。机组进口缓冲容积较大的另一个原因是在机组启动阶段形成闭合回路，稳定压缩机吸气压力。进气缓冲过滤器应竖立放置，对于排量较大的母站压缩机，有时单个进气缓冲罐的容积不够用还要多个并联使用。

机组系统中设有若干个气动阀，用于控制天然气管道的通断。气动阀的气源有两种，一种是由另外的微型空压机提供的压缩空气，一种是直接使用合适压力的天然气。前者符合气动行业的一般习惯，空气因没有易燃易爆性而被认为是安全的；后者应用较少，因为有观点认为天然气有易燃易爆的危险。实际上用天然气作为气动控制的动力源也是很安全的，因为这部分天然气也同整个系统中其他部分的天然气一样是与外界空气隔绝的，不存在燃烧和爆炸所必须的氧气。目前国内天然气压缩机气动阀采用压缩空气驱动，或直接用天然气驱动气动阀的都有，后者则省却了空压机和空气管路。此外，还有些国外的天然气压缩机组直接用防爆电动阀取代了气动阀，这可能导致成本增加。

机组系统的电控部分一般单独置于控制室内，便于管理人员操作，另一个原因是将电控部分从机组中拉出可以不采用防爆元件，以降低成本。但全罩式机组则置于罩壳面板上。

五、天然气压缩机结构实例

前面已经介绍了天然气压缩机可按结构形式分为卧式、立式和角度式三类。卧式压缩机以对称平衡型，即对动式为主，只有极少效采用单列卧式作为子站机结构，还有些采用对动结构的作为子站机使用，而另外一些纯粹作为平衡用往复运动质量。立式有单列结构，只用于子站，一般为 2~3 列用于常规站，母站基本没有采用的，因排量大时高度太大。角度式压缩机用于天然气加气站时主要是L型、V型(或双重)、W型(或双重)、倒T型(或双重)，这些机型在子站、常规站、母站都有应用。

压缩机结构形式的选择要考虑诸多因素，例如工艺流程、现场条件，制造方的系列构成、外协状况等。针对某一具体的压缩机，其结构形式的优劣只能说是相对的，而非绝对的，应视具体使用条件而异。压缩机的设计阶段，主要根据容积流量、吸排气压力、压缩介质、具体使用条件等要求，完成压缩机结构形式选择、冷却方式、作用方式(单作用、双作用或级差式)、有无十字头、级数、列数、级在列中的配置、转速、传动方式等的确定。压缩机的应用选型则要综合考虑占地面积、振动大小、管线布置、巡检的易近性及维修方便程度、压缩机售价、运行可靠性等因素，不能对结构形式一概而论。

1. 卧式天然气压缩机

卧式天然气压缩机基本都是两列或四列对动结构，即D型和M型，对子站、母站、常规站的各种气量和各种压力都能适应，这也是所有天然气压缩机中应用最多的一种。用于子站时有两列结构，也有只用两列中一列的，功率一般在55~75kW之间。用于常规站时多为两列结构，极少数为四列，活塞力一般在4~6t之间，功率一般在90~150kW之间。母站也多为两列结构，活塞力为8~10t，功率一般接近300kW。

对称平衡型压缩机中，每一对相邻曲拐的曲柄错角为180°，使得相对两列的传动件相向或反向运动，可使全部惯性力自相平衡，因此和其他结构形式比较，这种压缩机可适应更高的转速。由此可减小零部件尺寸和重量，减少占地面积，同时压缩机的振动也很小。或者可将压缩机设计成较大的排量，如用于母站。两列中的活塞力数值相近而方向相反，使主轴承所受的载荷很小，减轻了磨蚀状况。压缩机高度较小，也便于维护和管道布置等。

对称平衡型压缩机的缺点是当列数大于等于4时，填料组件数目较多，曲轴、机身的制造较困难。两列的合成切向力变化幅度大，需较大的飞轮。多曲拐结构需设有数只中间轴承，避免多曲拐曲轴支承的静不定问题。每相对两列中一列的十字头受到向上的侧向力作用，在运行中容易产生敲击而影响活塞杆运动平直度，以及活塞环、填料寿命和可靠性。

2. 角度天然气压缩机

角度式压缩机兼具卧式和立式压缩机的共同特点，在天然气汽车加气站中也有广泛的应用，主要型式有 L 型、V 型(或双重)、W 型(或双重)、倒 T 型(或双重)。角度式压缩机多用于常规站，母站中应用较少，因为排量不易做得太大，只有少数双重 W 型压缩机用于母站。角度式压缩机的结构极其紧凑，机组的体积很小，占地面积少，高度不大，附属设备布置比较方便。角度式压缩机均以中小型为主，其往复运动件如活塞、活塞环、活塞杆、填料、十字头均易产生偏磨。此外，多重的角度式压缩机结构复杂，零部件数量多。W 型压缩机的一个显著优点是当吸气压力较低时便于实现五级压缩，两列机器则较困难。

3. 立式天然气压缩机

立式天然气压缩机因受高度和曲轴轴线方向的尺寸限制，列数均不超过四列。单列立式压缩机因往复惯性力无法平衡，只用于功率和尺寸较小的子站，功率一般为 35kW、55kW、75kW、90kW，再大基本就没有了。两列和三列的立式压缩机力平衡性稍好，多用于常规站，功率大多在 132kW 以下。立式压缩机基本没有用于母站的，因为其排量一般难以达到母站要求。

立式压缩机最大的优点是活塞组件的重量不作用在汽缸镜面上，活塞和汽缸的磨损极小，因而非常适于做成汽缸无油结构，实际上多数的立式天然气压缩机就是汽缸无油的。这种压缩机汽缸、中间接筒和机身的截面中心重合，作用在机身或中间接筒上的气体力不会使其壁面产生弯曲应力，所以壁厚可较薄，既减轻重量又节省原材料。主机部分占地面积最小。立式压缩机的缺点主要是管路布置不太方便，也不便于在紧靠汽缸吸排气口设置缓冲器，包括附属设备在内的压缩机组总占地面积不一定小。

六、天然气压缩机选型要点

天然气压缩机和压缩机组的选型应结合整个加气站的工艺流程、气源情况、环境条件、气候状况、业务量、投资规模等因素综合考虑，不能简单断言哪个公司的产品或哪种型式产品的好坏，每一压缩机产品的合理性和适应性总是相对的，不同的加气站应有所差别。

以下几方面对压缩机和整个加气站的运行可靠性、经济性、安全性、投资规模等影响较大，在压缩机和机组的选型中应给予更多的关注。

（1）压缩机结构型式的选择。在加气站目前的供气量范围内，无论 D 型、L 型、W 型、V 型、倒 T 型、立式都能适应。对于各种压缩机的可靠性问题，关键取决于生产厂的制造质量，而与结构型式没有太大关系。

（2）进口或国产压缩机的选择。国产压缩机在设计方面并不逊色于国外产品，有些国内厂家的制造质量也能得到很好保证，选择的依据主要看产品的性能价格比，及一次性投资与运行费用总支出来决定。

（3）压缩机转速高低的选择。转速高低是相对的，要受到活塞平均速度的制约，压缩机能长期可靠工作的转速取决于其制造精度与选材。国外产品一般可达 1450r/min，也有 1800r/min 的；国内产品大多在 740r/min 以下，也有企业生产更高转速的压缩机。

（4）汽缸润滑方式的选择。各种汽缸润滑方式只要设计合理、选材得当、油量控制正确，都能可靠工作。而且从长期来看，其设备投资和运行费用总和相差不多。但无油压缩机免去了油对后续设备的影响之忧，少油润滑压缩机处理不当容易导致密封元件寿命变短。

（5）冷却方式的选择。全风冷机组对寒冷、缺水等气候条件的适应能力较强，但受季节变化的影响级间压力与温度可能有较大的波动。而水冷系统则首先要在有水的地方，寒冷季节以短为宜，但运行工况稳定性较好。中冷器也为水冷的混冷方式，其特点更接近于水冷机组，避免了高压风冷换热器较易损坏的缺点，并且压缩机工况也较稳定。而中冷器直接风冷的混冷机组其特点更接近于全风冷机组，主要优点是能维持较低的缸壁温度，有利于汽缸的润滑。

（6）传动方式的选择。目前的天然气压缩机多采用直联传动，其传动效率较高。而采用皮带传动可选用高转速电动机而降低电机成本，同时压缩机转速也不会因直联而受到电机限制，可灵活选择压缩机转速。但后者传动效率较前者低 3%，并要支付皮带的定期更换费用。

（7）机身承压与否的选择。承压机身可回收填料漏气，但制造要求较高，不仅机身要承受较高的压力，且机身主轴功率输入端必须有良好的旋转密封装置，只有在汽缸、活塞完全为单作用式结构情况下，才显得有此必要性。对于有十字头压缩机，在活塞杆填料密封部分可采用前置填料的方法使填料泄漏的气体得到回收，由此使机身结构简化。

七、CNG 加气站压缩机设备选型分析

压缩机机组的选择需要注意技术和经济性两方面的问题，尤其要注意从整站建设的角度对所选机组的经济性进行衡量。

1. 技术方面应注意的要点

（1）选择有油润滑还是无油润滑压缩机。毋庸置疑，无油润滑压缩机对气体的油污染是最小的，合理的选择应该是采用无油润滑压缩机；但由于国内自润滑材料的制约，要实现可靠性较高的无油润滑尚不成熟，虽然十多年前就有厂家进行过尝试，终究由于国内材料基础等多方面原因又恢复到有油润滑方案。

从目前来讲，建议企业以可靠性为主选择有油和少油润滑压缩机，因为即使选择了无油机，由于建站标准和规范的要求，仍然需要在加气站中配置相应的干燥、分离设备，无法节省投资；相反会由于无油压缩机本身成本更高、运行费用和维修费用均高于有油润滑压缩机，而增加建站成本，甚至出现关键体填料、活

塞环过早破损的情况。

（2）选择水冷、风冷还是混冷压缩机。这方面的选择，不同地区的厂家和企业最为关注，也是争论最为激烈的。客观地讲，冷却方式对于压缩机而言不存在技术上的先进性差异，我们更关注的应该是哪种方式更适用。

虽然风冷方式一直被多数人认为具有一定的技术难度(主要是因为 CNG 压缩机的排气压力高，给冷却器的设计、制造带来了一定的难度)而显得它有先进性，但国内已有中石化江汉三机厂等单位借鉴原有引进的大型天然气压缩机组技术成功制造出全风冷橇装 CNG 压缩机组，为广大的北方用户提供了新的选择。在参考文献中作者通过国内外多种压缩机的实际运行得出的结论是具有代表性的。作者认为，要消除水冷机组的固有弊病，最好的办法是选择全风冷机组。

有的企业认为，水冷机组的冷却效果要好于风冷机组。但只要稍加分析就会发现，这种看法实际上是片面性的：CNG 压缩机在国外发展已有 70 多年历史，从最初的水冷、风冷两种冷却方式并存，演化到现今的绝大多数为风冷，说明两个问题，第一，国外成熟的机组技术更倾向于采用风冷，排气温度不存在过高的问题；第二，国内因为最初没有引进压缩机设计技术，而是一些厂家依托自身的高压空气压缩机技术进行改进设计的，并未针对天然气介质专门进行优化选择，造成了一种先入为主的效果，同时某些厂家出于自身产品宣传的需要过分强调水冷机组的表面好处，却有意回避了水冷机组的许多不足：结垢、腐蚀、增加运行成本等。因而造成目前大多数企业对国内压缩机组选择上的一些观念误区。

可以证明，即使在南方选择全风冷机组也是可行的，我们可以从热力学的角度简单分析一下这个问题。

CNG 压缩机的压缩介质为纯度较高的天然气(主要成分为甲烷 CH_4，占 90% 以上)其压缩因子一般为 1.29，远小于空气的 1.4。这样，在压缩机设计过程中每级压缩之后排温就远比压缩空气时小，一般厂家在设计时限定每级排气温度（不经过冷却）小于160℃，而在实际设计中往往只有140℃左右，有的压缩级甚至不到100℃。所以，从热力学的角度讲，CNG压缩机的设计是非常保守和安全的。而且，用户也不必要关心压缩机的每一级的排温，而只需要知道最后一级的排气温度就可以了。

最后一级的排温对机组排出的压缩天然气的影响又有多大呢？用户最关心的是排气量，从热力学角度分析一下排气温度对排气量的影响：一般地，全风冷压缩机组最后一级排温高于环境温度10~12℃，极端一点，假设环境温度为39℃，那么压缩机的最终排气温度将达到51℃（尽管这种工况不多见，但可以说明一些问题），假设同时运行的水冷机组最终排气温度为40℃，而其他参数的影响不计（近似计算）。针对最后一级压缩而言，适用气体过程方程：

$$pV = mRT$$

在排气压力 p 均为25MPa时，可知压缩气体容积 V 与排气温度 T 成正比，则在同样汽缸工作容积下，实际压缩气体容积流量与温度 T 成反比，即

$$\begin{aligned} V_{水冷}/V_{风冷} &= T_{风冷}/T_{水冷} \\ &= (273 + 51)/(273 + 40) \\ &= 1.035 \end{aligned}$$

即大约仅比水冷机组40℃排气温度时容积流量减小3.5%。

而全风冷机组在运行、维护费用方面却较水冷机组低许多，从长远经济角度考虑，选择全风冷机组更合理。至于温度问题，一般在加气站下游均会设置高压脱水装置，该装置会完成压缩天然气大部分的终极后冷和脱水作用，与采用水冷机组时的差别实际上是十分微小的。

至于混冷机组，虽然避免了水冷机组的一些弊病，但仍旧无法消除冷却水结垢、腐蚀和泄漏之后引起的一系列问题。因而也不是最合适的方式，而只是针对某些特殊情况进行的一些改进措施。

所以，综合国外机组技术主流和排气温度对排气量的影响的

热力学分析，我们认为，全风冷压缩机组是 CNG 加气站建设的首要选择，也是国际国内 CNG 加气站的发展趋势。加气站的建设除了应该考虑一次性设备投资，更应该注意整站的运行、维护成本。全风冷橇装机组占地面积小，安装简单，免除了在寸土寸金的城市建设专用厂房的费用。只需要搭设简易遮阳棚即可满足建站要求，同时提高了加气站机组安全性能。因此，从整站建设的经济性考虑，全风冷机组也是最佳选择。见表 3-2 典型 CNG 加气站配置比较表。

表 3-2　典型 CNG 加气站配置比较表

（进气压力 0.3MPa，排气量 650~670m³/h）　　万元

序号	项目	水冷机组配置	混冷机组配置	全风冷机组配置
1	前处理系统	10~20		
2	压缩系统	38~50	70~85	90~120
3	动力系统	2~4	3~5	
4	控制系统	4~5	3~4	集成 PLC 控制系统
5	橇装底座	2~3		
6	降噪系统	不(或无法)提供		
7	废气回收系统	3~5	2~4	
8	冷却给水系统	8~12	6~8	0(不需要)
9	干燥系统	18~25		
10	储气系统	50~80(3 套)		
11	站内高压气路系统	20~30		
12	售气系统	30~40(2 套)		
13	安装调试及设计费	18~25	20~30	10~15
对比小计	2~8，13 项	75~104	104~136	100~135
合计		198~299	232~331	228~330

注：1. 假设均只配备一台压缩机。

2. 除压缩机以外的加气站设施假设选用相同设备，仅用于对比说明。

3. PLC 控制系统已包含大屏幕液晶屏及组态人机界面。操作界面为全中文界面。

（3）压缩机排气量是否越大越好。加气站压缩机的排气量应该与所建 CNG 站需求的加气量基本匹配，不宜过大也不宜过小。这就像 CNG 汽车选择 20MPa 压力作为气瓶储气压力一样的道理，为什么不选用更高压力呢？更高压力不是在气瓶中可以储存更多的天然气吗？这是综合考虑到车用气瓶的容积/重量比以及降低 CNG 加气站运行成本所确定的优化结果。

目前国内所建 CNG 加气站主要分为常规站和子母站两类。CNG 的发展尚处于一种快速、不稳定的状态，局部地区的少数加气站负荷较大，但绝大多数加气站处于加气能力相对富裕的状况。由于多方面的原因，业主在上报计划和作可行性研究直到方案设计时所考虑的加气站加气能力大多被高估。这也是造成大多数业主盲目选择大排量压缩机的重要原因。

其实，国际上对于加气站压缩机的排气量的选取并非随意而为，早期的 $300m^3/h$ 是根据客观分析得来的：一座高效率运行的加气站，气量过小无法满足加气车辆需求，气量过大则会造成机组频繁停机、启动，对压缩机设备及其他相关设备造成不必要的损害，还会影响电网中的其他用户。按 5~10min 为一辆汽车加气，以出租车为例，60L 水容积的车载气瓶在压力 20MPa 状态下储气量为 $13.8m^3$（考虑到天然气的压缩因子），采用加气量为 $300m^3/h$ 的压缩机直接加气需时 $13.8/300\times60min=2.76min$，所以，一台 $300m^3/h$ 的压缩机的加气站至少可以同时为两辆出租车加气。

当然，实际加气时并非简单的直接加气，而应该考虑加气站气库容量以及为提高气库利用效率选择的优先顺序控制系统的良好等因素。但一台 $300m^3/h$ 的压缩机即可满足 2 辆小车加气却是基本事实，过大的压缩机排量将会导致加气站压缩机的频繁启动停机，不利于机组正常工作。所以我们认为，在目前局部少数地区可以选择排量 $600\sim650m^3/h$ 的压缩机，已经足够满足 4 辆汽车（亦即 4 部加气机）同时加气（这种极限状态相信在任何地区都不多见），而更多的情况下小于 $600\sim650m^3/h$ 的压缩机也足以满足加气需求，不必盲目追求压缩机大排量。

所以，常规站选择 600~650m^3/h 的压缩机是最佳方案，有一些进气压力较低的地区选择同样功率的压缩机组也能达到 500m^3/h 以上的排气量，足够满足加气需求。

对于子母站也适用同样的道理，考虑到加气站实际处理气量和车辆、转运车等综合因素，目前比较合理的母站压缩机排气量选择应该为 2500~4500m^3/h，配置两台压缩机为宜。如某地油气混合站的日处理气量 8000m^3 左右，日工作时间 8h 左右，单台 1250m^3/h 的压缩机已经足够完成天然气的压缩（另一台作为备机）。

所以，片面追求加气站排气量将会带来投资的巨大浪费，业主们在投资建站之前一定要仔细分析站的容量，大排量压缩机在运行成本上无疑会超出小排量机组，导致浪费。在电力增容、电费、易损易耗件等方面的成本也会大大增加。

2. 经济性方面应注意的要点

对国内比较典型的压缩机组结合加气站常规站整站进行以下对比分析，数据的采集依据的是一定时期的样本数据，仅供参考。

从对比可以看出，排除与机组无关的电力增容等因素，选用三种不同冷却方式配置的机组在总体费用方面相差不多，全风冷机组甚至还略低。而全风冷机组在集成度方面无疑要好于另外两种非橇装机组。在智能化控制方面也大大优于其他机组。

另外，采用集成度很高的 PLC 控制系统能大大减轻操作人员工作量和工作强度，降低运行控制成本，提高安全性。

除了以上一次性固定投资的对比之外，机组的后期费用也是业主们必须注意的。在后期运行中，坚持选择高可靠性易损件理念使得全风冷机组的阀件、活塞环的更换周期分别达到 8000h 和 4000h 以上，同时免除了全水冷机组对于冷却水系统的经常维护，消除了结垢和腐蚀带来的更多事故隐患。

第三节　天然气子站压缩机操作、维护及故障处理

一、ZW-0.36/30-250-JX 型天然气压缩机概述

ZW-0.36/30-250-JX 型天然气增压压缩机是为天然气汽车加气站子站专门设计、制造的设备，它结构紧凑、外形美观、能耗低，是首台国产化子站压缩机。

1. 特点

该压缩机为无油润滑，其结构型式为立式，两列，两级，风水冷。主要由机身、曲柄连杆机构、活塞、汽缸及冷却器组成。汽缸盖侧作用，轴侧平衡段通本级排气压力。隔爆异步电机用联轴器与曲轴相连，活塞通过十字头、连杆与曲轴曲拐相连。当曲轴由电机带动回转时，活塞在汽缸中作往复直线运动进行气体压缩。

压缩机为全自动设计，当进气压力为 7.5~22MPa 时，压缩机一级压缩；当进气压力为 3~7.5MPa 时，压缩机两级压缩；当进气压力为大于 22MPa 时，压缩机不启动，天然气直接进入售气机。该机为撬装式，主机和电机固定在底座上，主机、电机、冷却器、缓冲回收罐及管路联接成一个完整的压缩机。本机设有安全保护装置和控制测量仪表。

2. 压缩机的主要技术参数（表 3-3）

表 3-3　ZW-0.36/30-250-JX 型天然气压缩机主要技术参数

项　　目	规定数值	备　　注
容积流量/(m^3/min)	0.36	
进气压力/MPa	3.0~22	表压力
进气温度/℃	≤30	
排气压力/MPa	25	表压力
轴功率/kW	56~84	
行程/mm	110	

续表

项　　目		规定数值	备　　注
转速/(r/min)		740	
汽缸活塞杆直径/mm	一级	$\phi85/\phi45$	
	二级	$\phi62/\phi45$	
主机重量/kg		1700	
机组外形尺寸(长×宽×高)/mm		5400×2900×2865	
压缩机成套设备重量/kg		9560	包括主机、辅机、管路、电机

二、ZW-0.36/30-250-JX 型天然气压缩机结构

ZW-0.36/30-250-JX 型天然气子站压缩机由以下组件构成。

1. 机身

机身外形成方锥台形，用铸铁制成，上方与两列汽缸相连接，下部为润滑油箱，中间装有曲轴，用两个双列向心球面滚子轴承支承在机身上。

2. 曲轴

曲轴为球墨铸铁，两拐。在两曲拐径上各装置一个连杆，曲轴一端插有齿轮油泵的主动轴，另一端用平键与联轴器连接，联轴器用平键与电机连接，曲轴上钻有油孔，作为运动部件润滑油通道，两个双列向心球面滚子轴承以过渡配合装入曲臂两侧，两曲臂上装有平衡铁，油泵端盖与轴承留 0.5~0.8mm 热膨胀间隙。

3. 连杆

连杆为球墨铸铁，杆内部有贯穿大小头的油孔，大头为分开式，采用钢背浇锡锑轴承合金的薄壁瓦，连杆小头压入青铜套，与十字头销相连接。

4. 十字头

十字头为球墨铸铁滑履镶有轴承合金的整体结构，十字头销为 20#钢表面渗碳的圆锥销，十字头用联接器与活塞杆连接。

5. 联轴器

联轴器组件由飞轮和联轴器用耐油橡胶弹性圈连接，飞轮为铸铁件与曲轴相连，联轴器为球墨铸铁件与电机相连。

6. 汽缸及活塞

二级汽缸各为一列。盖侧作用，轴侧平衡段通本级排气压力。由缸体、缸盖组成，缸体镶有特殊缸套，缸壁外有水套。

二级活塞为整体锻件。活塞杆经表面氮化处理，既耐磨又具有足够的刚度及强度。

7. 填料

一、二级填料完全通用，由七组密封元件、节流环、斯特封、刮油环组成。填料设有冷却液通道，密封环均为碳纤维增强F4 塑料，自润滑性能好，强度高。填料均设有漏气回收口。

8. 刮油环

刮油环为三瓣，外用弹簧箍紧，紧抱活塞杆，内径具有锋利的刀刃，方向朝十字头侧进行刮油。位置在填料法兰的下部。

9. 气阀

本压缩机一、二级气阀为组合气垫阀，噪声小、寿命长，由阀片、阀座、升程限制器、阀弹簧、螺栓组成。阀座、升程限制器、螺栓均为不锈钢，阀片用不锈钢板制造；阀弹簧用不锈钢丝绕制。阀座和阀片的密封面加工精度较高，安装、拆装时注意不得损伤其密封面。

10. 压缩机的辅机和管路：

（1）压缩机的辅机。冷却器。

本机所配冷却器为风冷器，被冷却介质为压缩后的高温天然气和冷却汽缸、填料、润滑油的防冻液。风冷器电机为两档调速，最冷的冬天可用低速档。

（2）压缩机的管路。包括气管路、水管路、循环油管路、仪表管路。

① 气管路。气管路为进口阀门到一级汽缸进口段至压缩机出口段。各级冷却后的出口管及回路缓冲罐上设有安全阀，各安全阀排放管汇集后回收或放空。安全阀是压缩机的主要安全保护装置，在其工作压力下处于常闭状态，当气体的压力达到起跳压力时，自动起跳卸压，保证压缩机在规定的压力范围内运转。安

全阀为封闭微启式安全阀。一、二级安全阀调定工作压力为27MPa，缓冲罐安全阀调定工作压力为9MPa，安全阀已由制造厂调节好，并用铅封封死。按照使用情况，必要时可重新调整后予以铅封，操作人员不应自行启封或随意调整。本机总进气、末级排气、一级排污、末级排污、缓冲器的排污、拖车高压气直冲为手动阀；一级进气、二级进气、一、二级旁通、一、二级排气回缓冲罐及缓冲罐回一级进气为气动阀，由电磁阀控制。所有气动阀在动力空气的作用下，可手动开启，当总进气阀、末级排气阀及拖车高压直冲阀关闭，其余各阀开启，可使压缩机内部的管路全部连通，供压缩机检修时放出机内的高压气体，实现安全操作。

② 水管路。水管路由总进水管分别进一、二级汽缸，油冷却器，填料组成。总进水管上装有测水压的压力表，正常工作时压力为0.3MPa，各支路的出水汇集到一条总排水管上。为控制循环冷却水因水质引起的结垢、污垢和腐蚀，保证设备的换热效率和使用年限，压缩机组冷却用水必须符合《工业循环冷却水处理设计规范》(GB 50050，为强制性国家标准)中规定的循环冷却水的水质标准要求：pH 8.0~9.2；Ca^{2+} ≤72mg/L，即暂时硬度≤10度；Cl^-含量：≤300mg/L。凡冷却水因不符合上述要求的均会使换热设备积垢，腐蚀加速，最终造成换热设备过早失效，将危及压缩机的正常运行。

③ 循环油管路。循环油管路包括齿轮油泵、吸油过滤器、精过滤器等。齿轮油泵位于机身一端，由曲轴带动。当电动机启动后，机身油池内的润滑油经吸油过滤器过滤后被吸入油泵加压到0.2~0.4MPa，然后经精过滤器精滤后进入油泵去曲轴油孔润滑连杆大头轴承，再通过连杆的油孔到十字头销润滑十字头销和滑道。齿轮油泵的油压可由泵体上的回油阀调节，油压过高时，油推开阀门溢流回油池，精过滤器上装有过滤前油压表和过滤后油压接点，过滤后的油压表安装在开关箱上。两压力表的压差确定过滤器的脏污程度，油泵的工作油压为0.15~0.2MPa。循环

油管路还另设有一预润滑油泵，每天开机前应先开预润滑油泵润滑曲柄连杆机构，避免烧研十字头体。

本机使用时在润滑油中加入抗磨剂，可大大提高轴承、连杆轴瓦、铜套、十字头等摩擦件的耐磨性，减小摩擦，降低能耗，所以每次加油时请用户必须按要求加入抗磨剂（见抗磨剂说明书）；润滑油采用GB 443规定的N68#（原40#或50#）机械油，润滑油的性质应符合相应牌号的规定。

④ 仪表管路。压缩机配有检测压力温度的全套仪表和管线。

a. 压力表管线。压缩机各级进气压力及各级排气压力导压管接点均设在相应的气管道上。各点压力均用导压管引向压力表开关箱，供运行时监视各级压力，开关箱用于就地显示。本机设计了远程电控柜，各级进排气压力通过开关箱内的压力变送器将气压值转换为电信号引至控制室电控柜，总进水压力及油泵压力也用相同方法引至电控柜。

b. 温度。一、二级汽缸上设有双金属温度计，可以就地显示观察进排气温度。另外总进气温度，一、二级排气温度，二级排气冷却后温度，润滑油温度，隔音房内温度通过铂电阻远传至电控柜进行检测和显示。

c. 压缩机的电控和自控保护。为确保压缩机安全正常运行，配有电机的启动控制柜和自控保护联锁，当压缩机处于非正常工况时，能发出声光报警信号及停机。本机电机启动选用最先进的软启动器，启动电流小、平稳迅速可靠。详细使用说明，应遵守制造厂的电控柜使用说明书的规定。

三、ZW-0.36/30-250-JX型天然气压缩机的操作

1. 压缩机安装

（1）检查已先期按基础图打好的基础，清除杂物和铲平表面。核对基础和机器的安装尺寸是否一致，确定安装方案步骤。

（2）本机出厂前主机、电机、辅机已安装于底座上或已与主机联接在一起，主要管路配置完成、用户安装时可以整机吊装于先期预制的基础上。

（3）基础施工应符合有关土建工程规范，待基础干固，核对水平后拧紧全部地脚螺栓。

（4）配管配线。压缩机完成安装就位后进行配管工作，有以下管路需要联接：压缩机进口阀门到进气系统的管路；用于将加气站低压储气瓶组的压力信号引至电控柜，实现低压储气瓶组的压力低于设定值后压缩机的自动开机；引压点应在低压储气瓶组的进出口管线上，压力变送器由用户自行安装在合适的地方；压缩机末级出口到系统的管路；从开关箱到控制室的仪表管路；安全阀总管、过滤器、缓冲罐排污管、填料漏气回收管及放空阀的放空管进行回收或放空的连接。

（5）压缩机电控柜由顾客选定安装位置，电控柜到压缩机主电机的电缆及现场的启动按钮电缆由用户按电工防爆规程规定配接。

2. 压缩机的调试

压缩机出厂前已进行过无负荷和低负荷调试工作，安装工作完成后，可以先不接上一级进气管路和末级进入排气系统的管路进行无负荷试验和以空气为介质的低负荷试验，达到运转正常后，联接好进口及出口管路，经过置换空气为天然气以后进行全负荷试验，运转正常后即可投入生产。

3. 开车前的准备工作

（1）检查清洗机身油池和吸油过滤网，清理干净后，向油池内加入经过滤干净的润滑油及适当比例的抗磨剂，最高油位为不碰曲轴和连杆，最低油位必须保证淹没整个过滤器。

（2）检查各部位的紧固情况，对运动部件还要着重检查各种规定的止退措施是否有效可靠。

（3）启动水泵检查冷却液的流动情况，保证各支路冷却液量分配均匀，同时检查和清除冷却管路的一切外漏。

（4）启动预润滑油泵，向各润滑面加油至十字头滑板处出油为止。

（5）检查电气仪表等，确认符合要求。

（6）盘车数转确认运动灵活无不正常现象后，点动电机确认转向，从电机端看机器应是顺时针转动。

4. 手动无负荷试验

在完成开车前的准备工作后，打开气管路上的总进气阀门、一级进气阀门、二级进气阀门、二级排气阀门，关闭其余所有阀门，以从大气吸入再排出到大气进行开车作无负荷试验，时间不少于4h达到下列要求：

（1）冷却液压力，循环油压力符合规定并消除一切管路的外漏；

（2）无不正常响声；

（3）各摩擦部位的温度不大于70℃；

（4）润滑油温度小于70℃；

（5）活塞杆温度小于80℃；

（6）消除气管路的一切外泄漏；

（7）各级排气温度小于150℃。

5. 负荷试验

完成手动无负荷试验后，联接压缩机进出口管路，将压缩机内空气以天然气置换，排尽空气后进行负荷试验，逐步提高末级排气压力，直到排压为25MPa，达到正常运行后连续运行24h，即可投入使用。

6. 压缩机的操作

压缩机的操作应由具有一定的理论知识和操作经验，并且进行过培训的人员担任。

（1）压缩机的正常开车，经过前述各项试验，消除一切不正常的问题以后，并且水压、油压符合规定后方可开车。

（2）压缩机控制柜备有紧急停车按钮，当发生紧急情况需要立即停车时，可按紧急停车按钮停车，停车后，再按正常停车步骤操作。

（3）停车检修时，在关闭压缩机进出阀门以后，待压缩机内的气体压力与外界一致时，才可以进行拆卸零部件的工作，以免有压气体膨胀，弹出零件伤及人身安全。

（4）压缩机长期停车，要用总进水管处的球阀放出压缩机内的全部冷却液避免锈蚀，冬天则防止冻裂零部件。

四、ZW-0.36/30-250-JX 型天然气压缩机的保养与维护

1. 日常保养

（1）检查各种安全设施，如发现不安全因素，及时报告，及时清除。

（2）检查气、冷却液、循环油等管路的密封处，密切注意机器在运行中温度、压力的变化。若发现异常情况应立即报告，并查明原因，果断处理。

（3）详细作好压缩机运行记录，停车故障及修理等记录，并做好交接班记录。

（4）检查紧固件的紧固情况，防止由于松脱而发生事故。

（5）检查机身油池内的油位，作好加油工作。

（6）监视油过滤器前后的压差及时清洗滤油器。

（7）定时排污，根据过滤器及缓冲罐内油水及杂质的累积程度确定排污周期，做好定时排污工作。

2. 压缩机装拆及其注意事项

必须由熟悉压缩机的结构、有实际经验的维修人员在熟读制造厂提供的产品图样和说明书以后，才可以进行压缩机的装拆工作。

（1）装拆的一般性要求：

① 装拆零件除更换者外一律要做到恢复原位保持原有方位和精度，即使可以互换的零件也同样如此要求。

② 分瓣的零件不能错乱、互相对号的部位保持原有的对号。

③ 凡螺纹连接规定有扭矩或伸长量的要符合规定，没有规定也要按一般紧固件规定的要求拧紧。

④ 凡是图纸上规定防松锁紧的一定要锁紧牢固，用过的开口销折边垫圈等应予更换。

⑤ 装拆过程中尽可能避免敲打撞击零件，碰伤轻微拉伤之

处都应予以修复。

(2) 压缩机主要部位装配间隙和要求见表3-4。

表3-4 压缩机装配间隙要求 mm

序号	部 位	间 隙 值
1	一、二级汽缸盖侧活塞止点间隙	3±0.5
2	连杆大头与曲拐曲径向间隙	0.08~0.12
3	连杆小头与十字头销径向间隙	0.06~0.09
4	十字头与滑道径向间隙	0.10~0.15(当使用100号润滑油时间隙为0.15~0.2)
5	连杆螺钉伸长量	0.135(或扭矩270N·m)

(3) 压缩机活塞组件装拆注意事项:

① 为了保护填料不受损伤，装拆活塞组件时，必须在联接十字头螺纹处装上制造厂的专用工具活塞杆护套。

② 活塞螺母及十字头的连接螺母必须保证预紧力，防松可靠。

③ 活塞环装拆时用力均匀，避免不规则的变形。

(4) 压缩机气阀装拆注意事项:

① 一、二级气阀完全通用，详细结构尺寸参数见随机图样。

② 阀片在限制器内应转动灵活。

③ 每个阀上的弹簧高度尽可能挑选尺寸一致。

3. 压缩机的维护

压缩机投入运行后，正常情况下只要进气压力稳定在压力范围内，冷却液及循环油压力温度稳定则压缩机各级进出口压力温度基本上稳定在正常范围内，随着运行时间的不断增长产生零件的失效和磨损，各级压力和温度也将产生偏差，必须予以维修保养。

(1) 保证各项压力、温度等仪表的完好和准确是压缩机安全运行的前提条件，对全部仪表要定期检定，保证完好。定期清洗油过滤器和更换润滑油，保持油的清洁和润滑性能。

(2) 消除管路接口的漏油、漏水和漏气现象。

（3）活塞环磨损则漏气量增加，严重漏气时将造成压力、温度和气量的明显改变，此时应及时更换活塞环，发现缸套磨损超过极限则应更换缸套。

（4）发现压缩机某一级的压力、温度明显异常时，判断哪一个气阀损坏应予以更换弹簧和阀片，阀座可以重新研磨后使用，若损坏严重不能修复则予以更换。

（5）填料正常时，基本上不漏气。磨损严重时，将产生漏气，严重影响到气量减少则需更换密封环。

（6）运转的声响明显加大或振动加剧，则应考虑曲柄连杆机构间隙是否变大，若变大，应更换轴承、小头衬套和十字头销等零件。

（7）压缩机气体管线凡是使用卡套式接头连接的地方，每月至少要例行检查一次，若有松弛，必须重新拧紧且应达到一般紧固件拧紧力的要求，以防卡套崩出造成安全事故。特别需要指出的是，因维修或换件拆卸卡套式接头部位时，应仔细检查卡套卡的部位是否到位和接触良好，复位时保证卡套到位和周长全部卡紧，并将未拆卸的卡套接头也全部重新拧紧。

（8）定期维护。为了使天然气压缩机保持良好的状态，必须进行定期维护和周期性检修。

4. 日常维护

（1）检查压缩机机身油池的油位，油位必须保证在视窗中间部件。加油时应注意：严禁在机器运行时加油；加油时，要取掉呼吸器盖板，然后加入规定牌号的经过过滤的（滤网孔径≤80目）润滑油。

（2）在启动压缩机之前，应检查各气、水阀门的关闭或开启情况，保证阀门处于规定情况下，才能开机。

（3）检查机器振动是否正常；

（4）按规定每小时对水压、油压、进气压力、级间压力和排出压力及温度进行记录，出现故障及故障处理情况应作详细记录；

（5）新机运行 300h 后应更换机身油池内的润滑油，以保证润滑油洁净，待再运行 800h 后再次更换油池内的润滑油，以后则每 3000h 更换一次润滑油，润滑油必须是说明书中规定牌号的新油，不准使用再生油。

5. 每周维护

（1）同每日维护。

（2）检查所有接头及阀门是否泄漏，若有泄漏应及时处置。

（3）检查所有紧固件是否松动，若有松动应停机卸压后予以紧固。

6. 每 2000h 维护

（1）同每日和每周维护。

（2）重点检查各级的压力状况，若压力不正常，则应检查相应的高压级活塞环是否磨损，相应的气阀是否失效，若有，则应作相应的处置。即检查气阀、活塞、活塞环、阀片、阀簧是否完好，进行维修或更换。

（3）正常情况下整机填料总漏气量不超过 $4.8m^3/h$，如超过此标准，则应检修相应的填料组件。

（4）清洗油泵粗滤油器及精过滤器。

（5）检查连杆大头瓦与曲柄销的配合间隙是否正常，小头瓦与十字头销配合间隙是否正常。

（6）检查十字头与滑道的配合间隙是否正常。如有不正常，则应作相应维修或更换。各部位配合间隙符合要求后，才能开机。

7. 每 3000h 维护

（1）更换润滑油。

（2）同每日、每周及 2000h 维护。

8. 每 4000h 维护

（1）同每日、每周及 2000h 维护。

（2）检查压缩机基础有无沉降。

（3）注意噪声和振动是否增大，若增大应检查十字头体、轴瓦、铜套等运动部件是否磨损，若有，则作相应维修或更换。（本项应由有资格的人员或在制造厂指导下进行。）

（4）检查活塞环、支承环及填料密封环，如磨损过大或者气量严重不足，应予更换。

（5）需更换的零、部件必须在制造厂或制造厂指定的厂商购买。

9. 压缩机的油封

压缩机使用后，如需停止工作 90 天以上，应进行临时油封。停车后将活塞盘至下止点，在汽缸、活塞和气阀表面涂以防锈油，并盘动曲轴转动 3~4 转，再将润滑油放尽，然后封闭所有和内部相通的孔道。压缩机在停止工作 3 个月以上者，需进行储存长期油封。

（1）认真清洗和擦拭压缩机。

（2）向机身油池内加润滑油，转动数转后将润滑油放尽。

（3）将汽缸、活塞、气阀、连杆、曲轴等所有的内部加工表面涂防锈油脂。

（4）用汽油或柴油清洗压缩机分离器内的过滤器，并仔细吹干。

（5）压缩机的备件、工具等应涂上一层工业凡士林后用油纸包装。

（6）压缩机出厂前已由制造厂进行油封，自油封之日起在 6 个月之内保证油封质量，如用户储存超过 6 个月需自行检查油封质量或重新油封。

（7）重新起用油封的压缩机，应全面清洗防锈油脂，检查各运动是否灵活有效。

五、ZW-0.36/30-250-JX 型天然气压缩机的常见故障及排除方法

1. 气阀故障

压缩机气阀工作不正常（阀片、弹簧损坏），会导致气体压力、温度发生变化。比如某一级吸气阀泄漏，会使前一级排气压

力升高，该级温度升高。如果排气阀泄漏，会使该级的排气压力及温度升高，气阀故障从下列原因分析查找予以消除：

（1）气阀松动垫片不能密封；

（2）气阀螺栓松动；

（3）阀片、阀座密封面损坏；

（4）阀片弹簧损坏等。

2. 测量仪表故障

测量仪表不灵敏，就不能正确显示出情况，机器的运转就失去了控制，这是非常危险的，而且也是绝对不允许的，因此，定期校检或更换检测仪表应成为一种制度。

3. 安全阀故障

安全阀如果失灵，当压缩机超载时不能卸荷或未到规定的压力而卸压都会造成重大事故，因此对安全阀进行检修、调节、更换，应定期进行。进行校验和压力调整时，必须有使用单位主管设备或压力容器的安全技术人员在场，一经校验好的安全阀应重新予以铅封。

4. 常见故障的原因及排除(表 3-5)

表 3-5　常见故障的原因及排除

故障特征	主要原因	排除方法
循环油压力降低	1. 油泵磨损 2. 油管连接处密封不严 3. 油管堵塞 4. 滤油器脏污	1. 修理或更换油泵 2. 紧固油管各连接部位 3. 清洗疏通油管 4. 清洗滤油网
循环油温度过高	1. 循环油过脏 2. 运动机构配合间隙过小或摩擦面拉毛 3. 润滑油不足	1. 换油 2. 检修摩擦面 3. 添加润滑油
冷却液温升高	1. 冷却液压力低，流量小，水管泄漏或堵塞、结垢 2. 气体泄漏(冷却液中有可见气泡)	1. 检查水泵，清洗水道 2. 检查气、水间密封情况，使之完全密封

续表

故障特征	主要原因	排除方法
排气温度过高	1. 冷却液量不足，水道内积垢过厚 2. 活塞工作不正常 3. 吸气温度超过规定值 4. 排气阀泄漏	1. 加大冷却液流量，清洗水道 2. 检查活塞与汽缸的间隙，调整到规定范围，检查活塞环磨损情况及时更换 3. 检查吸气阀垫片、阀片及其密封面，弹簧是否完好，并消除其影响 4. 检查排气阀并消除泄漏原因
汽缸内有异常声响或异常振动	1. 活塞止点间隙小 2. 活塞杆连接螺母松动 3. 气阀工作不正常，阀片、弹簧损坏 4. 配管引起的振动	1. 检查调整止点间隙 2. 紧固连接部位 3. 检查清洗气阀，更换损坏的零件 4. 改变配管设计，消除振动原因
运动机构响声异常	1. 连杆螺母松动 2. 连杆大头瓦小头衬套间隙过大 3. 十字头与滑道间隙过大	1. 紧固连杆螺母 2. 以备件更换 3. 更换十字头

第四节　天然气母站压缩机操作、维护及故障处理

一、M-2.7/15-250-JX 型天然气母站压缩机概述

M-2.7/15-250-JX 型天然气压缩机是为天然气汽车加气站专门设计、制造的设备，它结构紧凑、外形美观、能耗低，本机振动小、气量大，天然气汽车加气母站使用较多。

1. 特点

该压缩机为少油润滑，其结构型式为卧式对称平衡型，四列、四级空水混冷式。主要由机身、曲轴、连杆、活塞、汽缸及

冷却器组成。一、二级汽缸为双作用，三、四级汽缸为单作用，由隔爆异步电机用联轴器与曲轴相连，活塞通过活塞杆、十字头、连杆与曲轴曲拐相连。当曲轴由电机带动回转时，活塞在汽缸中作往复直线运动实现对气体压缩。整机为橇装式，主机、容器以及电机固定在底座上，气管路、注油管路、水管路、仪表管路紧凑地将主机和容器联接成一个完整的压缩机组。

压缩机工作时，将来自系统 1.5MPa(表压)的天然气经吸气阀进入一级汽缸，经排气阀排出进入一级冷却器，依次经过二、三、四级压缩、冷却，气体压力升至 25MPa(表压)，经分离器去储罐。

2. 压缩机的主要技术参数(表 3-6)

表 3-6　M-2.7/15-250-JX 型压缩机主要技术参数

项　目		规定数值	备　注
容积流量/(m^3/min)		2.7	
一级吸气压力/MPa		1.5	表压力
一级吸气温度/℃		≤30	
四级排气压力/MPa		25	表压力
轴功率/kW		276	
行程/mm		100	
转速/(r/min)		740	
压缩机级数/级		4	
汽缸直径/mm	一级	φ175/φ45	
	二级	φ125/φ45	
	三级	φ125/φ60	
	四级	φ85/φ45	
冷却水耗量		闭式循环，微量	
主机重量/kg		4078	
主机外形尺寸(长×宽×高)/mm		5900×2980×2850	
压缩机成套设备重量/kg		14725	包括辅机、管路、电机

二、M-2.7/15-250-JX 型天然气压缩机结构

机身外形呈长方形，用钢板焊接而成，机身两侧连接汽缸，下部为润滑油箱，中间装有曲轴，曲轴两端为双列向心球面滚子轴承支承，中间为滑动轴承支承。

1. 曲轴

曲轴为 $45^{\#}$ 锻钢件，四拐。在每个曲拐上各安装一根连杆，曲轴一端插有齿轮油泵的主动轴，另一端通过联轴器与电机相连，曲轴上钻有油孔，作为运动部件润滑油通道，两个双列向心球面滚子轴承以过渡配合装在曲轴两端的主轴颈上，油泵端盖与轴承留 0.5~0.8mm 热膨胀间隙。

2. 汽缸

汽缸共四组，一、二、三、四级汽缸各为一列，一、二级为双作用，三、四级为单作用，由缸体、缸盖等组成，缸体内镶有特殊材料的耐磨缸套，缸壁外有水道，水道壁将吸气阀和排气阀的气道隔开，一级缸轴端和盖端分别径向布置两个吸气阀和排气阀，二级缸轴端和盖端分别径向布置一个吸气阀和排气阀。缸盖与缸体用双头螺柱连接，在结合面上用 O 形圈保证密封，缸体为铸铁件。三、四级汽缸为单作用，缸体盖端径向布置吸、排气阀，汽缸组件由缸体、缸盖等组成，缸体、缸盖为锻件，缸体内镶有材料特殊的耐磨缸套，缸体上钻有冷却水孔，各一个。

3. 活塞

活塞共四组，一级活塞为铸铝件，二级活塞为钢件，三、四级活塞为整体锻件。活塞杆经高频淬火，既耐磨又具有足够的刚度及强度。

4. 填料

填料共四组，一、二级填料设有冷却水，由五组密封元件组成。三、四级填料设有冷却水，有六组密封元件，所有填料在靠汽缸侧设有节流环，三、四级填料还装有斯特封。密封环均为碳纤维增强 F4 塑料，自润滑性能好，强度高。填料均设有漏气回收口。

5. 刮油环

刮油环为三瓣，外用弹簧箍紧，紧抱活塞杆，内径具有锋利的刀刃，方向朝十字头侧进行刮油。

6. 气阀

吸、排气阀均为噪声小、寿命长的环片气垫阀，由阀片、阀座、升程限制器、阀弹簧、螺栓组成。阀座、升程限制器、螺栓均为不锈钢，阀片用不锈钢板制造；阀弹簧用不锈钢丝绕制。安装、拆装时注意不得损伤阀座和阀片的密封面。本机连杆和十字头与 ZW-0.36/30-250-JX 的连杆和十字头大致相同，这里不再多述。

7. 压缩机的辅机和管路

压缩机的辅机包扩冷却器、排污罐和进气过滤器，冷却器为空冷器，被冷却介质为压缩后的高温天然气和冷却汽缸、填料、润滑油的冷却液；排污罐用于回收排污时排出的天然气；进气过滤器用于过滤进入压缩机的天然气。

压缩机的管路包括气管路、水管路、循环油管路、仪表管路。

（1）气管路。气管路为机组用户接管进口至压缩机用户接管出口。各级冷却器的出口管段上设有安全阀，各安全阀排放管汇集后回收或放空。安全阀是压缩机的主要安全保护装置，在其工作压力下处于常闭状态，当气体的压力达到起跳压力时，自动起跳卸压，保证压缩机在规定的压力范围内运转。一级进气安全阀调定工作压力为 2.0MPa，一级排气安全阀调定工作压力为 4.0MPa，二级排气安全阀为 7.0MPa，三级排气安全阀为 13.5MPa，四级排气安全阀为 26.3MPa，安全阀已由制造厂调节好，并用铅封封死。按照使用情况，必要时可重新调整，调整完后再次加以铅封，日常操作时，操作人员不应自行启封或随意调整。

本机设有全自动一、四级排气回一级进气动阀，一、四级油水分离器排污手动阀，供压缩机紧急停车卸压和检修时放出机内的气体。控制气动阀的空压机必须放置于户外。

（2）水管路。水管路由水泵、膨胀水箱等组成，水泵由单独的电机驱动，冷却后的循环水由水泵泵入水管路，再分别进入填料和油冷器及一、二、三、四级汽缸水套。冷却填料、油冷器、汽缸后的循环水汇集进入冷却器水管束箱，经风冷后再进入水泵进口。为控制循环冷却水因水质引起的结垢、污垢和腐蚀，保证设备的换热效率和使用寿命，压缩机组冷却用水必须符合《工业循环冷却水处理设计规范》（GB 50050，为强制性国家标准）中规定的循环冷却水的水质标准要求：pH 8.0～9.2；Ca^{2+} ≤72mg/L即暂时硬度≤10 度；Cl^{-}含量≤300mg/L。凡冷却水因不符合上述要求会使换热设备积垢，使热流密度大于58.2kW/m^2及腐蚀加速，造成换热设备过早失效，将危及压缩机的正常运行。

（3）注油管路。为增加活塞环、密封环的使用寿命，配备了一套给汽缸和填料少量注油的装置，包括注油器、分配器、止回阀、溢流阀和管线等。一个注油点每分钟注油 2~4 滴。

（4）循环油管路。循环油管路包括齿轮油泵、吸油过滤器、精过滤器等。齿轮油泵位于机身一端，由曲轴带动。当电动机启动后，机身油池内的润滑油经吸油过滤器过滤后被吸入油泵加压到 0.2～0.4MPa，然后经精过滤器精滤后进入油泵去曲轴油孔润滑连杆大头轴承，再通过连杆的油孔到十字头销润滑十字头销和滑道。齿轮油泵的油压可由泵体上的回油阀调节，油压过高时，油推开阀门溢流回油池，精过滤器上装有过滤前油压表和过滤后油压接点，过滤后的油压表安装在控制室操作台上。两压力表的压差确定过滤器的脏污程度，油泵的工作油压为 0.2～0.3MPa。润滑油 N100 机械油，润滑油的性质应符合相应牌号的规定。

（5）仪表管路。压缩机配有检测压力、温度的全套仪表和管线。

① 压力表管线。压缩机一级进气压力及一、二、三、四级排气压力的测压点均设在相应的气管道上。各点压力均用导压管

引向压力表开关箱供运行时监视各级压力，开关箱用于就地显示。本机设计了远程控制操作台，各级进排气压力通过开关箱内的压力变送器将气压值转换为电信号引至控制室操作台，总进水压力及油泵压力也引至操作台。

② 温度。一、二、三、四级汽缸上设有铂热电阻，可以在控制室内观察各级排气温度。

(6) 压缩机的电控和自控保护。为确保压缩机安全正常运行，配有电机的启动控制柜和自控保护联锁，当压缩机处于非正常工况时，能发出声光报警信号及停机。本机电机启动选用先进的软启动器，启动电流小、平稳迅速可靠。详细使用说明，遵守制造厂的电控柜使用说明书的规定。

三、M-2.7/15-250-JX 型天然气压缩机的操作

1. 安装

(1) 安装前的准备事项。检查已先期按基础图打好的基础，清除杂物和铲平表面。核对基础和机器的安装尺寸是否一致，确定安装方案步骤。

(2) 安装。本机出厂前主机、电机、辅机已安装于底座上或已与主机联接在一起，主要管路配置完成、用户安装时可以整机吊装于先期预制的基础上，然后将机组调整水平，并将底座焊接在基础上的底板上。以飞轮缘或侧面以及机身顶面调整机器水平不应超过0.05‰，基础施工应符合有关土建工程规范。

(3) 配管配线。压缩机完成安装就位后进行配管工作有以下管路需要联接：

① 压缩机进口阀门到进气系统的管路。

② 压缩机四级分离器出口到出口系统的管路。

③ 气动阀气源接管。

④ 安全阀总管，油水分离器排污管的连接。

(4) 压缩机电控柜由用户选定安装位置，电控柜到压缩机主电机的电缆、水泵电机电源线、传感器电缆及现场的启动按钮电缆由用户按电工防爆规程规定配接。

2. 压缩机的调试

压缩机出厂前已进行过无负荷和低负荷调试工作，安装工作完成后，可以先不接上一级进气管路和末级进入排气系统的管路，进行无负荷试验达到运转正常后，连接好进口及出口管路经过置换空气为天然气以后进行全负荷试验，达到运转正常后即可投入生产。

（1）开车前的准备工作

① 检查清洗机身油池和吸油过滤网，清理干净后，向油池内加入过滤干净的润滑油，以油标的上下限为准保证机组正常运转时油位在上下限之间。

② 检查各部位的紧固情况，对运动部件还要着重检查各种规定的止退措施是否有效可靠。

③ 打开总进水阀门，检查水流情况。保证各支路水量分配均匀，同时检查和清除水管路的一切外漏。

④ 手动盘车，盘车至各润滑面以及十字头滑板处出油为止。

⑤ 检查各电器仪表等，确认符合要求。

⑥ 盘车数转确认运动灵活无不正常现象，点动电机确认转向，从电机端看机器应是顺时针转动。

（2）无负荷试验

在完成开车前的准备工作后，打开气管路上的全部阀门，从大气吸入空气再排出到大气进行开车作无负荷试验，时间不少于4h，达到下列要求：

① 循环油压力符合规定且一切油管路无外漏；

② 无不正常响声；

③ 各摩擦部位的温度不大于70℃；

④ 润滑油温度小于70℃；

⑤ 活塞杆温度小于80℃。

（3）低负荷试验

在上述基础上关闭级间的放空和回路阀门，并逐步关小末级排出阀门。每升高压力2MPa，维持运转一小时，直到末级排出压力 5.0MPa 时连续运转 4h。运行中应满足上述全部要求；消除气管路的一切外泄漏；各级排气温度小于 150℃。

(4) 负荷试验

完成上述试验后，连接压缩机进出口管路，将压缩机内空气以天然气置换排尽空气后进行负荷试验，逐步提高末级排气压力，直到终压为 25MPa。达到正常运行后连续运行 24h，即可投入使用。试验期间首先消除一切管路和压缩机各连接处的外泄漏。

以天然气为介质运行时的压力和温度的额定值如表 3-7。若实际运行压力与规定压力有偏差时，可以用第一次运行时的正常值作为额定值。

表 3-7　天然气为介质运行时的压力和温度的额定值

级次 项目	一	二	三	四
进气压力/MPa(表)	1.2~1.5	2.8~3.8	5.2~6.8	10.5~13.5
排气压力/MPa(表)	2.8~3.8	5.2~6.8	10.5~13.5	25
进气温度/℃	≤30	≤45	≤45	≤45
排气温度/℃	≤150	≤150	≤150	≤150

3. 压缩机的操作

(1) 安全保障

① 正确操作是设备安全可靠运行的保证。压缩机操作人员应具有一定的理论知识和经验，操作人员必须经过全面培训，熟悉使用说明书，遵守各项安全规程。

② 机器运行过程中操作人员不得拆去飞轮罩，切勿接触飞轮和联轴器等高速旋转部分，也不应进行维修，以免造成人身伤害。

③ 气源空压机必须放置于室外安全场所，以免发生意外。

④ 在压缩机运行过程中切勿接触排气管路，因为这些部位压力和温度较高，以防止人身受到意外伤害。

⑤ 压缩机的维修必须在压缩机全部卸压后才能进行，在维

修时应关断主电源开关，同时设置警示牌，防止误开机造成机器损坏及人身伤害。

⑥ 电气控制柜只能由合格并授权的人员打开，并按电气安全规程进行维修。

⑦ 机房内无安全措施及未经许可不得进行动火作业。

（2）开机前的准备工作

① 压缩机在制造厂经过试车，包装时使用的是防锈油脂，用户在本机出厂之日起 6 个月内，可直接安装使用。如存放期过长，用户应检查各摩擦面有无锈蚀现象。若有锈蚀，应进行除锈处理及煤油清洗。

② 如果在清洗油封时曾拆下各级活塞，则安装活塞后应检查活塞的止点间隙是否符合规定。

③ 确认机身油池（曲轴箱）及吸油过滤器清洁后，将符合规定牌号的润滑油注入，并达到规定的油面线（油标视窗中间部位）为止。每天的第一次开机前均应手动盘车，必须见到传动部件的各摩擦面上（如十字头滑道）有油流出才能停止盘车，避免初次开机时因无油而烧研。

④ 检查压缩机各运动部件与静止件的紧固及运动部件防松止退情况。

⑤ 打开总进水阀门确认水压达到规定压力。

⑥ 开机前应单独检查电动机，观察其转向是否正确，并盘动飞轮数转检查运行是否灵活，确认无障碍后方可开机。

（3）开机

开车前打开总进水阀门和进排气的手动阀门，关闭放空阀和排污阀，经过盘车数转后，即可开车，开车后检查油、水、气的压力，温度正常则投入正常运行。

（4）压缩机的运行

启动完成后，压缩机即投入正常运行和升压，其润滑油压、冷却水压、进气压力、各级排气压力等参数信号进入 PLC 控制装置，如有异常将会自动报警直至停机。实施人工紧急停机再开机时，紧停开关必须先复位。

在压缩机运行中，操作人员应巡查运行情况，检查阀门，管路接头等有无泄漏。并作记录。

压缩机正常停车时，各级卸荷用气动球阀打开，卸荷运转再行停车，停车后切断压缩机的进出口阀和总进水阀门，并切断电源。

压缩机控制柜备有紧急停车按钮，当发生紧急情况需要立即停车时，可按紧急停车按钮停车，停车后，再按正常停车步骤操作。

停车检修时，在关闭压缩机进出阀门以后要放尽压缩机内的气体，才可以拆卸零、部件工作，以免有压气体膨胀，弹出零件伤及人身安全。

压缩机长期停车，要放出压缩机内的全部积水避免锈蚀，冬天则防止冻裂零部件。

M-2.7/15-250-JX 型天然气压缩机的保养、维护及故障及排除与 ZW-0.36/30-250-JX 大同小异，所以不再详述。

第四章　压缩天然气储存与安全

压缩天然气由于具有易燃易爆的特性，气体在常温常压下气体密度较低，工业及民用利用天然气时，需要对其进行压缩或液化处理，以增大其储存能力。压缩天然气常见的储存方式，主要有储气瓶、储气罐和储气井等。

第一节　储气瓶

一、储气瓶的类型与结构

CNG 站用储气瓶组是天然气加气站的必备设备之一，它利用压缩机将天然气管网或 CNG 拖车内的天然气加压后储存，作为加气站的加气气源，也可作为天然气管网的调峰气源，工作压力可高达 25MPa。

1. 并联小气瓶

以 50～80L 的小型高压气瓶并联在一起，总容积达 60～200m^3，作为站用储气装置。这种储气瓶，标准规定不设排污口。我国曾使用过两种这类储气瓶，一是按美国运输部 DOT 标准生产的运输用小型 CNG 容器，安全系数 2.48，这种容器本来并不是作为地面存储 CNG 用的，因为 DOT 没有制定地面储存应用标准的权限；二是按我国《钢质无缝气瓶》(GB 5099)生产的小型并联气瓶，安全系数 2.3。

并联小气瓶储气装置的缺点如下：

(1) 气瓶容量小，数量多，连接点多，易产生泄漏；

(2) 管道口径小，气体流动阻力大；

(3) 气瓶一般为水平放置，并联在一起的占地面积较大；

(4) 因气瓶无排污口，压缩机排气未分离掉的水分等杂质会逐渐在瓶内沉淀，使气瓶有效容积减小，日久天长，溶解于其中的硫化氢对容器将产生腐蚀。按照标准规定，这种气瓶每隔 3 年必须拆开送检一次，逐一进行水压实验，然后再逐个清洗、吹扫、重新安装，运行维护成本很高。

由于上述缺点，小型气瓶在新建加气站中已很少采用。

2. 无缝大容积储气瓶

为克服并联小气瓶的诸多缺点，人们制造出单瓶水容积约 1300~1500L 的专用压缩天然气加气站地面储气的无缝压力容器。大多数加气站只需配备 3~6 个这样的储气瓶就能满足日常供气需要。设计和使用储气瓶应符合现行国家标准《站用压缩天然气钢瓶》(GB 19158)的规定。这种储气瓶专用于地面储存 CNG，容器上有排污口，便于排污。使用过程中，只需定期进行外观检查和壁厚检查，不需要拆除连接件，运行维护费用低，占用的场地小，可露天放置，如图 4-1 所示。

CNG 站用储气瓶组主要由支架、大容积无缝钢瓶、安全阀、压力表、进出气阀门及排污阀等各部分组成，大容积无缝钢瓶两端瓶口均加工内外螺纹，两端外螺纹与安装法兰用螺纹连接，将安装法兰用螺栓固定在框架两端的前后支撑板上；瓶口内螺纹上旋紧端塞，在端塞上连接管件：一端装有安全阀，另一端设有进出气阀门、排污管路、就地压力表等。

图 4-1　无缝大容积储气瓶现场示意图

储气瓶组设计压力 25MPa，不允许有排污口，初期投资低，运行维修成本高，每三年必须把气瓶单元拆开，对每只瓶子进行水压实验。场地面积在 50m² 以上。属于松散结构，没有结构的整体性，容器多，接头多，存在泄漏危险且管线尺寸小，流动阻力大。

储气罐（ASME 美国《锅炉及压力容器规范》容器）单元设计压力 27.6MPa，容器壁厚比同等气瓶瓶壁厚高出 39%，通常作为地面储存。ASME 允许容器上有排污口；初期投资高，运行和维修成本低，除一般的外部和内部直观检查外，不需再检测；场地要求 5~7m²，坚固，整体结构能更好的承受冲击载荷及地震波动；其容器数量少，接头少，管线尺寸大，流动阻力较小。

二、储气瓶的使用

在 CNG 加气站发展初期，其主要设备配置仅有压缩机，而没有储气瓶组。经过多年的探索和实践，人们逐步认识到，给压缩机系统配备适当的储气瓶组（或缓冲罐），可显著改善加气系统的稳定性和可靠性等技术性能，大大提高系统的工作效率。

CNG 加气站为实现与汽油加油站相当的加气速率，对加气能力（流量）的需求大于压缩机的供气能力，同时也为了避免因加气车辆加气间隔的不确定而造成压缩机频繁启动而造成压缩机设备受损，一般将压缩气体暂时储存在容器中，即将经压缩后的高压天然气充入储气瓶组，以备使用。

（1）CNG 压缩机多为往复式压缩机，工作时输出气体的压力波动很大，增加了储气瓶组，就可以对压缩机的冲击气流起到缓冲作用，保证输出气流的稳定性。

（2）增大储气瓶组的容量，可在不改变加气站供气能力的条件下适当减小压缩机的排气量，降低加气站的造价。国外的经验表明，其造价比不带储气瓶组的直接充气式加气站降低 30% 左右。

（3）配备了储气瓶组，可使压缩机在系统工作时有停机的机会。当储气瓶组充满气体时，先由储气瓶组给汽车储气瓶加气，储气瓶组的气体不够时，再启动压缩机。这样可缩短压缩机的工作时间，减小设备磨损，延长使用寿命。储气瓶组的容积适当大一些，其作用就更明显。

（4）液态燃料（汽油或柴油）是通过液相泵加入汽车油箱里面。天然气与液体燃料不同，是通过从储气瓶组内取气，靠压力差加入汽车储气瓶中。这就决定了加气站给汽车储气瓶充装压缩天然气的速率很慢。如果给加气站的压缩机配备更多储气瓶组，由于储气容积的加大，气量相对增大，就可使加气速率得到提高。但是，由于仅靠气压差加气，气压平衡后就无法加气，储气瓶组的气体总也用不完，在一些技术资料中总结出了最低时仅能用9%左右，这会造成资源的浪费。经过国外加气站运行的长期试验，终于找到了一种比较好的方法。将储气瓶组按一定的比例分成几组后，既可提高储气瓶组的容积利用率，又可使加气速率得到进一步提高。

（5）配备适当容量的储气瓶组，其缓冲作用可使压缩机的脉动冲击气流引起的振动大大降低，管道、阀门、仪表之间的连接不易松动，燃气的泄漏现象大大减少，系统的安全可靠性得到明显提高。

第二节 储气井

一、储气井结构

地下储气井的思想来源于对天然气开采工艺过程的逆向思维，这种储气器是采用石油部门的钻井技术，在地面上钻一个深度为100～200m的井，然后将十几根石油钻井工业中常用的18cm套管通过管端的扁梯形螺纹和管箍接头连接在一起，两头再各安装一个封头，形成一个细长的容器，放至井中，然后在套管外围与井壁之间灌入水泥砂浆，将长筒形容器固定起来，便形成了一个地下储气井。如图4-2和图4-3所示。

地下储气井设计压力为27.5MPa，储气井的深度一般为100～150m。它由十几根石油钻井工业中常用的套管通过管端的

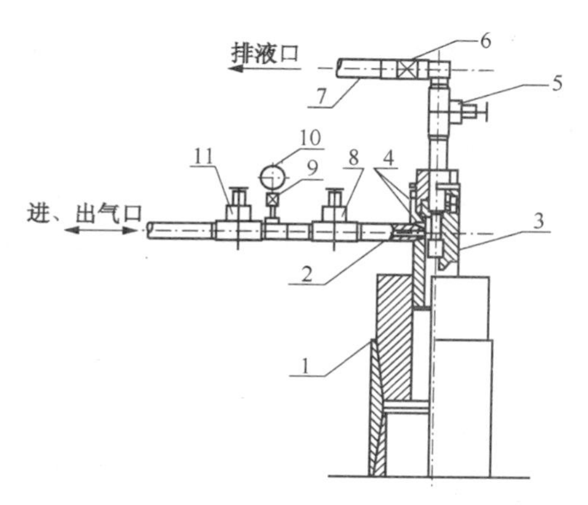

图 4-2　高压储气井井口装置结构

1—上封头；2—进、出气管；3—不锈钢短接头；
4—压帽；5—检修阀；6—排液阀；7—排液管；
8—检修阀；9—压力表前检修阀；10—压力表；11—进、出气阀

图 4-3　天然气储气井现场示意图

扁梯形螺纹连接而成。其占地面积很小，有利于站场平面布置；虽然初期投资较大，但据资料表明储气井至少可以使用 25 年以上，并可以节省检验维修费，安全可靠性好。其缺点是耐压试验

无法检验强度和密封性，制造缺陷也不能及时发现，排污不彻底，容易对套管造成应力腐蚀。

二、储气井的优缺点

1. 储气井的优点

根据加气站的容积需要，可以灵活决定储气井的深度和数量，每口井的间距1~1.5m。同地面瓶组相比，这种储气方式有很多优点：

（1）节省土地面积。如三口井实际占地只需要1~2m²，其所需的防火间距只有地面储气瓶组的50%~70%，所以其实际所需的平面防火禁区面积只有地面储气瓶组的1/3左右。一方面有利于站面布置，另一方面有利于站址选择和减少总投资。

（2）安全性较好。套筒材料按API制造，本身直径又很小，同时外壁有油井专用水泥固封，所以承压能力很强，套管爆破压力达86MPa。此外，即使储气井发生爆破，其高压气体也是通过撕裂的地层缓慢泄压，爆破能量被相对而言无限大的地层迅速吸收，地面只有轻微振动。同时这种装置还不易受到人为、撞击、火灾等外界其他因素的破坏。

（3）节省了安全辅助装置设施。按照规定，储气瓶罐必须进行防腐，必须设置可燃气体检测器，以及夏季的喷淋冷却和冬季防冻装置。储气井深埋于地下，冬暖夏凉，无需这些设施。同时，防火墙的高度和长度也大为减少，建设费用只需瓶式储气方式的一半。

（4）使用寿命长。储气井埋地于地下，不易受到风吹雨淋及外界的物理损坏，同时套筒外部裹了一层高强度水泥，使其与土壤中的腐蚀介质隔绝，不易被损坏。根据《高压气地下储气井》(SY/T 6535)的规定，储气井的使用寿命为25年，而按我国《固定压力容器安全监察规程》，作为金属压力容器的储气瓶的使用寿命为15年。

（5）运行维护费用低。储气井的检测周期是6年，而储气瓶一般为2~3年。

（6）夏天可多储气。储气井位于地下，温度较低，压缩机排气在其中还可进一步冷却，所以相比于地面瓶组可储存更多的气体。

2. 储气井的缺点

储气井也有缺点，如耐压试验无法检验强度和密封性，制造缺陷也不能及时发现，排污不彻底，容易对套管造成应力腐蚀等。

根据井深决定井筒和管箍接头的数量，下封头置于井底，上封头上开有排污口和进排气口，排污口下部吊了一根排污管通至井底，有些储气井为了结构简化还将进排气口合二为一。储气井上部大约高出地面30~50cm，每根套管的长度为10m。如套管与管箍接头的连接采用螺纹连接，则该处采用能承受70MPa的耐高压的专用密封脂进行密封。储气井有几项比较关键的技术必须加以注意，早期的储气井在使用中曾出现过这些方面的问题。近年来经过国内一些厂家的努力，有些已得到了一定程度的解决。

（1）井口上封头进排气接管和排污接管处容易发生漏气，可通过改用球面密封得以解决，另外有些厂家将进排气口合二为一，也减少了泄漏点。

（2）以往进气口水平布置，高压气流对井壁和排污管根部造成冲蚀，常将排污管吹断。现在的储气井将进气口竖直设置在上封头上则杜绝了这种现象。

（3）储气井有一小部分伸出地面，暴露于空气中，因为空气与大地化学成分不一致，所以在井筒靠近地面处容易产生锈蚀。一个解决办法是在地面以上及以下各约15cm处的筒体上各套一个由镁合金等活泼金属制成的金属环，并用导电材料将两金属环连接，则可避免钢制套筒的腐蚀，取而代之的是金属环的腐蚀，腐蚀后的金属环只需定期更换，可有效保护井体。

（4）储气井还容易出现的一个问题是长时间运行及气体受到冷却后，井底容易出现积水，天然气中或多或少含有一些硫化氢，溶于积水后对井底金属形成腐蚀，虽然有排污但不可能实施排污，只能定期排污，同时排污也无法做到彻底。国内某厂家用一个巧妙的办法解决了这一问题，在储气井底部灌入一些润滑油或液压油，当有积水存在时，油会浮在水面上，将水和天然气隔开，有效避免硫化氢溶解于水而产生腐蚀性。排污时，水排完见到油后则停止排污，对于排出损失的少量油，2~3 年补充一次即可。

（5）此外，套筒和井壁之间水泥砂浆是通过一个管状物灌入的，有时容易发生灌浆。管底部堵塞而灌浆不致密的问题，国内某公司在灌浆管侧壁上开了许多孔，形成了一个多出口的灌浆管，有效解决了这一问题。

三、储气井的使用

1. 使用安全要求

（1）储气井在投入使用前、使用一年，用户应向建造单位提交书面通知，对储气井装置进行复检；

（2）加气站操作人员必修经培训合格后持证上岗；

（3）储气井四周应有护栏，标明“高压地带非工作人员未经许可不准入内”等标识；

（4）储气井范围内严禁烟火，严禁使用手机；

（5）操作人员不得跨越储气井间的高压管道；

（6）严禁操作人员酒后上班和上班时打瞌睡；

（7）严禁操作人员违章操作；

（8）操作人员应穿防静电工作服，防止产生火花引起火灾；

（9）工器具不得乱扔乱甩，以防碰坏高压零部件，造成高压气泄漏而引发火灾事故；

（10）井内有压力时严禁进行任何检测及维修；

（11）储气井间的高压管道及排液管均应进行固定；

（12）储气井使用期间，应按相关规程进行检修排液，每口井要有记录并建档；

（13）储气井各阀门开关时切勿猛开猛关，并且应先开关下部维修阀再开关上部维修阀；

（14）一人开关阀门，需另一人观察压力表压力变化，按压力上升快慢决定阀门开大或关小；

（15）雷击区应架设避雷针，禁用裸线照明，照明要用防爆灯或探照灯。

2. 储气井井筒排液

（1）储气井在使用期间，通常应在3~6个月排放井内积液一次；

（2）将储气井压力卸压降至1MPa左右，缓慢开启排液阀进行排液。开启排液阀时，应注意安全，操作人员所站位置不得正对排液管口；

（3）当排液压力降低至0.5MPa时，可关闭排液阀，补气到井中，使压力达到1MPa，缓慢开启排液阀进行排液，直到将井内液体全部排尽为止。排液管出现气体，关闭排液阀，然后缓慢充气升压至工作压力。

3. 高压气地下储气井排液压力操作须知

（1）除按规定压力排液，排液管及排液管汇应固定牢靠；

（2）排液管排放的液体不能垂直对地，应尽量水平引入地沟内；

（3）储气井最高工作压力不大于25MPa，否则应立即关闭压缩机；若最低压力低于12MPa，应立即用压缩机给予补充增压至工作压力；

（4）压缩机给储气井补气的过程必须保证等压力，升降速度不应超1MPa/min；

（5）排液时，首先关闭压缩机系统相连的进出气阀门，排液人员侧身站立，缓慢进行排液。

4. 高压气地下储气井的安全维护和保养

（1）操作人员要熟悉储气井工艺操作规程，了解储气井各项工艺指标，加气站操作人员必修经安全操作和技术培训合格后持证上岗；

（2）储气井旁边必须设置“高压危险，严禁烟火”等指示牌；

（3）消防配置。配置推车式干粉灭火器（磷酸铵盐型）2 具，防护等级为甲类防护；

（4）严禁带压紧固螺栓、卡套等；

（5）为保证储气井安全，储气井井口压力表要定期找相关部门校验，要有记录；井口压盖螺栓涂抹黄油保护，定期对井口进行油漆防腐；

（6）储气井在工作期间，不得在其爆炸危险区域进行任何施工作业；

5. 储气井异常情况处置

储气井出现下列情况，操作人员应立即采取紧急措施，并按规定的报告程序及时向有关部门报告：

（1）储气井井筒下沉或井筒不断上窜（排除井筒压力脉动正常弹性变形现象），管道发生严重振动，危及安全运行时；

（2）定期或不定期的对储气井及井口装置进行变形、泄漏检查，其检查方法是将肥皂液用毛刷刷涂于井口装置各个密封连接位置，观察肥皂泡沫变化情况，判断各处是否有泄漏的迹象，当储气井井口装置发生变形或泄漏危及安全现象时；

（3）储气井工作压力超过规定值，采取措施后仍不能有效控制时；

（4）储气井排液管不能正常排液时；

（5）发生火灾等事故直接威胁到储气井安全运行时；

（6）储气井出现上诉异常情况，涉及储气井井口装置需拆卸维修时，必须建造单位参与，严禁非压力容器制造单位进行拆卸。

第三节　CNG 储存安全

压缩天然气的储存方式目前有四种形式：一是每个气瓶容积在 500L 以上的大气瓶组，每站 3～6 个，在国外应用得最多；二是每个气瓶容积 40～80L 的小气瓶组，每站 40～200 个，现在很少采用这种形式；三是单个高压容器，容积在 $2m^3$ 以上，国内现生产厂应用较少；四是储气井存储，每井可存气 $500Nm^3$，这是我国石油行业的创造，在国内加气站应用很多。

一、CNG 储存要求

合理的储气瓶组的容量，不但能提高气瓶组的利用率和加气速度，而且可以减少压缩机的启动次数，延长使用寿命。根据经验，通过编组方法，可提高加气效率，即将储气瓶组分为高、中、低压三组，瓶数比例以 1∶2∶3 较好。当压缩机向储气瓶组充气时，应按高、中、低压的顺序进行，而当储气瓶组向汽车加气时，则恰恰相反，应按低、中、高压的顺序进行。

（1）储气瓶组应固定在独立支架上，宜卧式放置。

（2）储气井不宜建在地质滑坡带及溶洞等地质构造上，储气井本体的设计疲劳次数不应小于 2.5×10^4 次。储气井的工程设计和建造，应符合国家法规和现行行业标准《高压气地下储气井》SY/T 6535 及其他有关标准的规定，储气井井口应便于开启检测。

（3）储气瓶组的管道接口端不宜朝向办公区、加气岛和邻近的站外建筑物。不可避免时，储气瓶组的管道接口端与办公区、加气岛和邻近的站外建筑物之间应设厚度不小于 200mm 的钢筋混凝土实体墙隔墙，并符合下列规定：

① 固定储气瓶组的管道接口端与办公区、加气岛和邻近的站外建筑物之间设置的隔墙，其高度应高于储气瓶组顶部 1m 及以上，隔墙长度应为储气瓶组宽度两端加 2m 及以上。

② 车载储气瓶组的管道接口端与办公区、加气岛和邻近的站外建筑物之间设置的隔墙，其高度应高于储气瓶拖车的高度 1m 及以上，隔墙长度不应小于车宽两端各加 1m 及以上。

③ 储气瓶组管道接口端与站外建筑物之间设置的隔墙，可作为站区围墙的一部分。

（4）储气瓶组、储气井与加气机或加气柱之间的总管上应设主切断阀，每个储气瓶（井）出口应设切断阀。

（5）储气瓶组、储气井进气总管上应设安全阀及紧急放散管、压力表及超压报警器。

（6）车载储气瓶组应有与站内工艺安全设施相匹配的安全保护措施，但可不设超压报警器。

二、储存方式比较

就常用的两种形式，大气瓶和小气瓶相比较可知，大气瓶一次性投资较高，而小气瓶相对较小；当储气容积相同时，大气瓶所用数量很少，每年的维护量小，费用较低，而小气瓶所用数量很大，每年的维护量大，费用也高；大气瓶一般都设有排污孔，便于定期排出瓶内油污，小气瓶则没有排污孔，每年清除油污很费劲；大气瓶上的气阀和管件很少，可靠性较高，而小气瓶数量多，气阀和管件必然很多，漏气和不安全因素大大增加。这些都需要在建站时权衡利弊综合考虑。表4-1将常用的三种储气方式的优缺点进行了简要对比，供用户选用时参考。

表4-1　常用储气方式的对比（$3000Nm^3$）

内　　容	地面大储气瓶组	地面小储气瓶组	地下储气井	高压容器
设计标准	ASME（美国机械工程师学会）标准	DOT－3AA（美国运输部标准），国内暂时无标准	石油钻井工艺，三类压力容器相关标准	GB 150—2011《压力容器》
安全系数	3：1	2.48：1	无法确定	
安全性能	无缝结构；材质要求高，在现场最低温度下作冲击试验，保证材料硬度；瓶壁厚，安全性高	无缝结构，材质达国家标准	选材不合理，套管材料含碳量过高；结构设计不合理，影响连接强度；无法检测强度、密封性和制造缺陷；无法定期检测；使用中发现有漏气现象无法解决	内表面材料不含锰，多层包扎式结构，提高了储罐的安全可靠性和抗御 H_2S 应力腐蚀的性能
容器数量/支	9	240	6	4

续表

内　　容	地面大储气瓶组	地面小储气瓶组	地下储气井	高压容器
气瓶水容积/L	1311	50	2000	3000
总水容积/m^3	11.8	12	12	12
储气体积/Nm^3	3055①	3000②	3000	3000
总重量/kg	27932	24000		48512
安装许可	通常为地面储存	通常为地面储存	只能地下安装	通常为地上安装
排污方式	有排污口，可定期排污	无排污口，要定期拆开排污清洗	直立结构，吸管排污不彻底	有排污口，可定期排污
配管接头	配管少、接头少	配管多、接头多	配管少、接头少	配管少、接头少
占地面积/m^2	8~10	>60	<15	10左右
气体利用率	40%	30%~40%	20%	30%~40%
成本费用	初期投资高，运行维护成本低	初期投资低，运行成本高	初期投资高	初期投资较高，运行维护成本低
例行检测	除一般内、外部直观检测外，不需再检测其他项目	每三年一次，须拆开单元，对每支气瓶进行水压试验。若允许AE检测，也需拆开	无法进行定期检测，存在安全隐患	需要定期例行检测
最大工作压力	25	25	20	25
快速充气能力	接头少、管线尺寸大，允许大流量充气	接头多、管线尺寸小、流动阻力大、流量小		接头少、管线尺寸可大，允许大流量充气

续表

内容	地面大储气瓶组	地面小储气瓶组	地下储气井	高压容器
结构性能	坚固，整体结构能更好的承受冲击载荷及地震波动	结构松散，没有结构整体性	结构不合理，存有隐患	坚固，整体结构，能承受冲击载荷及地震波动
使用年限	10~15	10~15	无法确定，无法进行安全评定，无法确定预期服役寿命	15 以上
设备价格（万元）	150③	进口 100④，国产 36	90	68

① 数值计算中考虑了天然气的压缩因子；

② 按理想气体近似计算；

③ 不含关税和增值税；

④ 不含关税、增值税和运费。

三、储气装置的容量选择

1. 储气容量对供气能力的影响

储气装置的储气量是储气瓶组一个重要技术指标，选取不当可能增加加气站的投资或运行成本，或者影响加气站的供气能力而降低工作效率。

（1）相对于一定规格的压缩机，储气瓶组的容量过小，可向汽车提供的气量过少，必然会增加压缩机的启动次数，增大能耗，降低经济效益和缩短设备的工作寿命，当压缩机的排气量较小时更为严重。

（2）储气瓶组容量过小会出现汽车加不满气的现象，尤其是公交车等大车更为显著。如果加气站采用自动售气机，当多枪同时加气且每辆车的加气量又比较大时，无论是瓶组还是压缩机直接供气，每个加气枪的流量仍达不到截止流量就会自动关闭，从而导致车辆加不满 20MPa。

（3）瓶组设置不合理，会造成气体利用率低，设备浪费。对于采用小气瓶组供气的储气装置，如果低压瓶组数量较少，而中高压瓶组数量又相对偏多，会因为中高压瓶组压力不能降得太低而导致总的容积利用率下降；另外，采用大气瓶组、大储气罐及储气井时，限于条件，气瓶只能做1：1：1匹配。因此，相对而言低压瓶组的容积较小，中高压瓶组的容量必将浪费30%~60%以上，使储气容积的整体利用率降低，也就是使储气瓶组的成本提高了20%~50%。

2. 确定储气容量的考虑因素

（1）压缩机排气量的大小。压缩机的排气量较大时，储气瓶组的储气容量就可小一些，反之则应大些。

（2）加气站的规模和加气车辆数。加气的车辆多，每辆车的加气量大时，储气瓶组的容量应大些，作为压缩机的有效补充。

（3）加气站的类型。母站的储气量要大，因为压缩机的排量较大，避免压缩机刚开启就迅速停机，而子站因压缩机排量小，可相对较小。常规加气站则要考虑车流量、管网压力等因素。

（4）加气车辆类型。以公交车为主时，储气瓶组容量一定要大，油气要考虑加气高峰时，大的储气容量才能保证每辆车都能加满气。

（5）同时加气的售气机台数和加气枪个数。一台售气机，1~2个枪加气，小储气量也可满足要求。若两台售气机4个枪同时加气，储气瓶组的储气量必须大，否则也会出现加气枪自动关闭的情况。

第五章　压缩天然气运输与安全

第一节　概述

作为一种清洁、高效的优质能源，天然气在许多国家得到了普遍应用。随着西气东输等工程相继投产，天然气在我国能源结构乃至整个国民经济中的地位不断提高。运输是天然气供应链中的重要环节，在很大程度上影响着天然气供应和消费的经济性。管道是天然气运输的主要方式，各种非管道运输方式是管道运输的有益补充。

天然气的运输是指将天然气由开采地运送到使用地的过程。由于我国的天然气资源远离天然气需求中心，而且从总体上来说我国并不具备丰富的天然气资源，因此天然气的运输十分重要，通过运输将国内、外天然气运送至天然气消费城市。

天然气运输有两种方式，一种是通过长输管道，另一种是通过槽车、槽船、火车等方式。陆上及近海天然气的输送一般采用管道运输，对于跨洋的长距离天然气输送，多采用液化天然气方式进行运输。使用何种方式，主要取决于运输成本的经济性和可行性，当然，两种方式经常互相结合。目前，我国长输管道已达5万公里左右的规模。

海上运输采用的LNG槽船的特点在于特制的球形或舱型储罐，具有保温和隔热作用。单船运输规模在$(5\sim6)\times10^4$t。早在20世纪70年代初，日本就使用特殊的公路槽车运送LNG。经过20多年的发展，我国已具备LNG、CNG槽车自行建设和开发的能力，具备了相当的生产和科研规模。

目前天然气运输方式主要有管道天然气(PNG)、压缩天然气

(CNG)、液化天然气(LNG)三种。

一、压缩天然气(CNG)运输

压缩天然气(CNG)运输是通过压缩机加压的方式，将天然气压缩至容器，增加容器存储体积的天然气运输方式。一般情况下，天然气经过几级压缩，达到20MPa的高压，在用气时在经减压阀降压使用。在20MPa高压下，天然气的压缩比可以达到276。CNG在生产和利用过程中成本相对较低，能耗低。但是由于采用笨重的高压气瓶，导致CNG单车运输量比较小，运输成本高。因此，一般认为该种方式只适合为距离气源地近、用气量小的城市供应燃气。

CNG项目的特点：与LNG相比，设备相对简单、投资少；与管道天然气相比要灵活，因为管道一旦建设好以后，无法根据市场的需要发生转移。

二、液化天然气(LNG)运输

当天然气在大气压下，冷却至约-162℃时，天然气由气态转变成液态，称为液化天然气(Liquefied Natural Gas，缩写为LNG)。LNG体积约为同量气态天然气体积的1/625，密度在450kg/m^{3}左右便于运输。另外，由于LNG的燃点及爆炸极限高于汽油，所以不易发生爆炸，安全性能好。

LNG项目包括液化工厂、低温储槽和再气化工厂的建设。液化和再气化工厂的经济可行性由年产量和最高供气量决定。由于LNG是低温液体，其生产、储运及利用过程中都需要相应的液化、保温和气化设备，投资额高。这种运输形式只有在规模发展较大时才具有合理的经济性能。

三、管输天然气(PNG)运输

管输天然气运输是通过管道直接将天然气输运到用户点的一种运输方式，主要针对气源地用户或与气源地通过陆地相连的国家之间天然气运送。管道长度对于PNG方式有一定要求。对于距离气源地较远的地区，只有当用气量较大时才会具有较好经济性。由于海底管道的建造和维护费用高，当天然气的海上运输距离较长时，将会倾向于采用 LNG 船运输。

与 LNG 项目不同，PNG 项目既不需要液化工厂也不需要再气化工厂。管道基本建设投资是影响项目经济可行性的主要决定因素。基本建设投资额随着管线距离、管线走向、地理环境和负荷系数的变化而变化。天然气井口价格也对 PNG 项目的经济可行性有较大影响。当天然气的进口价格一定时，运输距离是决定其贸易方式的主要因素。如果输送距离高于临界点，LNG 项目将更加可行。

第二节　天然气管道输送

长输天然气管道发展比较早，从 20 世纪 50 年代前苏联就开始长输天然气管道建设，至 80 年代，他们已建成六条超型输气管道系统，全长近两万公里，管径 1220 ~ 1420mm，经过半多世纪的发展，长输天然气管道主要有以下六特点：

（1）增管径。干线天然气管道直径一般都大于 1000mm，大口径管道的施工技术都比较成熟。

（2）提高输气压力。目前，天然气管道压力普遍都大于 10MPa，如阿意输气管道最高站穿越点压力高达 21MPa；挪威 Statepipe 管线输气压力 13. 5MPa。

（3）广泛采用内涂层减阻技术，提高输送能力。输气管道采用内涂层后，一般可提高输气量 6% ~ 10%，还可有效减少设备磨损清管次数，延长管道使用寿命。

（4）提高管材韧性，增壁厚，制管技术发展较快。输气管道普遍采用 X70 级管材，近年 X80 级管材已用于管道建设。据关文献介绍，用 X80 级管材可比 X70 级管材节省建设费用 7%。目前，主流输气管道已采用 X80 级管材。日本欧洲的一些钢管制造商已经开始研制 X100 级管材。

（5）完善的调峰技术。保证可靠、安全、连续向用户供气，发达国家都采用金属储气罐及地下储气库进行调峰供气。目前，有些国家季节性调峰主要采用孔隙型盐穴型下储气库。而日调峰周调峰等短期调峰，则多利用管道末端储气及地下管束储气实现。天然气储罐高压球罐最大几何容积已达 $10\times10^4m^3$。

（6）提高压缩机组功率，广泛采用回热循环燃气轮机，用燃气轮机提供动力或电力。国外干线输气管道压缩机组普遍采用功率机组。如俄罗斯天然气公司压缩机站单套压缩机平均功率都10kW，欧美国家也如此。此外，国外还广泛采用压缩机机械干密封、磁性轴承故障诊断等新技术，不仅可延长轴承使用寿命，取消润滑油系统，降低压缩机的运行成本，而且可从根本上提高机组运行的可靠性完整性。

一、输气管道类型

将天然气（包括油田生产的伴生气）从开采地或处理厂输送到城市配气中心或工业企业用户的管道，称为输气管道。利用天然气管道输送天然气，是陆地上大量输送天然气的唯一方式。在世界管道总长中，天然气管道约占一半。

输气管道在管材选用、提高输送效率、实现全线自动化等方面的技术也在迅速发展中。管材广泛采用高强度的金属材料。为降低管道内的摩擦阻力，ϕ426mm 以上的新钢管已普遍采用内涂层。此外还开展了不同物性的气体在同一管道中顺序输送，以及低温高压的气态和液态天然气管道输送试验。

天然气管道输送系统由管道输气站和线路系统两部分组成。线路系统包括管道、沿线阀室、穿跨越建筑物、阴极保护站、管道通信系统、调度和自动监控系统（见管道监控）等。输气管道可按其用途分集气管道、输气管道、配气管道等 3 种。

1. 集气管道

从气田井口装置经集气站到气体处理厂或起点压气站的管道，主要用于收集从地层中开采出来未经处理的天然气。由于气井压力很高，一般集气管道压力约在 10MPa 以上，管径为 50～150mm。

2. 输气管道

从气源的气体处理厂或起点压气站到各大城市的配气中心、大型用户或储气库的管道，以及气源之间相互连通的管道，输送经过处理符合管道输送质量标准的天然气，是整个输气系统的主体部分。输气管道的管径比集气管道和配气管道管径大，目前最大的输气管道管径为1800mm。天然气依靠起点压气站和沿线压气站加压输送，输气压力为可达10MPa，管道全长可达上万公里。

3. 配气管道

从城市调压计量站到用户支线的管道，压力低、分支多，管网稠密，管径小，除大量使用钢管外，低压配气管道也可用塑料管或其他材质的管道。

二、输气管道结构

输气管道是由单根管子逐根连接组装起来的。现代的集气管道和输气管道是由钢管经电焊连接而成。钢管有无缝管、螺旋缝管、直缝管多种，无缝管适用于管径为529mm以下的管道，螺旋缝管和直缝管适用于大口径管道。集输管道的管子横断面结构，复杂的为内涂层—钢管—外绝缘层—保温(保冷)层；简单的则只有钢管和外绝缘层，而内壁涂层及保温(保冷)层均视输气工艺再加以确定。

钢管是管道的主要材料。天然气输送钢管是板(带)经过深加工而形成的较特殊的冶金产品。管道钢的组织形态，由于工艺技术的差别，各厂商生产的管道钢存在一定的差异。20世纪60年代，一般采用X52钢级，70年代采用X60、X65钢级，80~90年代以X70钢为主。外国一些国家输气管道已开始采用X80钢。随着管道钢研究的不断发展，加拿大等国已铺设了X100和X120管道钢的试验段。我国在冀宁联络线管道工程中，首次把X80级管道钢用于7.7km的试验段。长达4843km的西气东输二线干线管道全部采用了直径为1219mm的X80钢级管道钢，将输气压力提高到12MPa。一般来说，X80钢为铁素体和贝氏体双相组织，

X100 管道钢为贝氏体组织，X120 管道钢为超低碳贝氏体和马氏体。对于天然气管道的管材来说，强度、韧性和可焊性是三项最基本的质量控制指标。

我国的输油气管道主要有 SSAW（螺旋缝埋弧焊钢管）和 LSAW（直缝埋弧焊钢管）两种。SSAW 占输油气管道主干线的 70%，将是管道建设加速的主力军；LSAW 应用范围广，且其应用领域正不断拓宽，受地方城市管线以及深海输油管线铺设加快的影响，应该也有极大的发展空间。

同时 LNG 方面也将呈现新气象。过去，我国 LNG 气源不足大大制约了 LNG 下游应用市场的发展，而随着各大 LNG 接收站的完工，气源供应瓶颈将被打破，LNG 储运设备即将迎来发展的黄金期。天然气调峰需求将需要更多 LNG 储罐以及拖车等产品，天然气汽车的发展也将加快天然气加气站的建设。总的来说，相关的 LNG 产业链包括了“LNG 船-LNG 接收站-LNG 加注站-LNG 汽车”的部分。

在可预见的未来，我国将形成天然气管网加 LNG 储运的资源输送格局。“十二五”期间我国输油气管道长度将大幅增长 90%，2015 年投产的 LNG 接收站规模将达到 2010 年 LNG 进口量的 3.9 倍，输油气管道制造以及 LNG 储运设备行业将直接受益于天然气建设的浪潮。

三、管道运输特点

中国天然气产业的快速发展仅是一个新阶段的开始。从整个天然气上下游一体化的系统工程来看，中国天然气产业依然年轻。与其他成熟天然气市场相比，中国发展成为成熟天然气市场的用时将更短。无论如何，中国的环境压力和快速的城市化极大地扩大了天然气市场。中国天然气需求未来十几年将高速增长，预计平均增速将达 11% ~13%。这样，供需缺口大约在 $1500\times10^8m^3$ 左右。规划到 2020 年，天然气的使用量在一次性能源中所占的比例达到 15%。

在石油天然气工业中，管道运输在当前世界范围内发展迅速。在五大运输方式中(铁路运输、公路运输、水路运输、航空运输及管道运输)，对于石油及天然气行业而言，管道运输是最佳的选择。原油、成品油、天然气及各种具有常温状态下呈现流体性质的各类化工产品的运输主要都是依靠管道运输方式来实现。利用管道把石油及其产品和各种气体从产地输送到炼厂或用户已逐渐成为最安全、最经济和对环境破坏最小的运输方式。在五大运输方式中，对于油品及天然气的运输，采用水路运输逐渐被认为是最为经济方式，但它要受到地理条件等自然环境的制约及各种人为因素的干扰；公路运输虽然较为灵活，但因其运输小且运费高，一般用于少量且短途的区域运输；铁路运输成本比较高，对于大量的油气运输是不经济的，而且铁路总的运力有限也使油气的运输受到限制；航空运输虽然快捷，但因其高昂的运输价格使其只有在特殊的情况下偶尔被采用。因此，管道运输与铁路、公路、水路运输等其他常用的运输方式相比，主要表现为以下几个方面的特点：

(1) 输气管道系统是个连续密闭输送系统。

(2) 从输送、储存到用户使用，天然气均处于带压状态。

(3) 由于输送的天然气相对密度小，静压头影响远小于液体，设计时高差小于200m时，静压头可忽略不计，线路几乎不受纵向地形限制。

(4) 不存在液体管道水击危害。

(5) 发生事故时危害性大，波及范围广。管道一旦破裂，释放能量大，撕裂长度较长，排出的天然气遇有明火，还易酿成火灾。

(6) 输送费用低。输送同等量石油产品时，其费用不及铁路运输的一半，这里还不算火车油灌车常有空载返程等额外费用；

(7) 输送能力大，综合经济效益好。例如一条ϕ1220mm管道的年输油量约在1000×10^4t以上，其运输量分别相当于两条铁路的年运输量；

(8) 作业方便，不用转运，没有消耗，极少因事故发生泄漏，对环境污染很小；由于采用密闭输送，能够长期连续稳定运行；受恶劣气候的影响小，无噪声。

（9）设备维修量小，便于管理，易于实现远程集中监控；现代化管道运输系统的自动化程度很高。劳动生产率高。

（10）管通运输也有其一定的缺点和局限性。主要是不如车、船等运输方式更灵活方便及产品的多样，故主要适合于大量、单向、定点运输的流体货物。

四、管道运输实例

1. 中国西气东输工程

西气东输是中国天然气发展战略的重要组成部分，是西部大开发的标志性工程。它以新疆塔里木气田为主气源，以我国中东部的长江三角洲地区为目标消费市场，以干线管道、重要支线和储气库为主体，连接沿线用户，形成横贯中国西东的天然气供气系统。“西气”主要是指中国新疆、青海、川渝和鄂尔多斯四大气区生产的天然气；“东输”主要是指将上述地区的天然气输往长江三角洲地区。工程于 2002 年 7 月 4 日正式动工建设，2004 年 12 月 31 日正式向上海等地输气。

我国西部地区的塔里木盆地、柴达木盆地、陕甘宁和四川盆地蕴藏着 $26\times10^{12}m^3$ 的天然气资源和丰富的石油资源，约占全国陆上天然气资源的 87%。特别是新疆塔里木盆地，天然气资源量有 8 万多亿立方米，占全国天然气资源总量的 22%。塔里木北部的库车地区的天然气资源量有 2 万多亿立方米，是塔里木盆地中天然气资源最富集的地区，具有形成世界级大气区的开发潜力。塔里木盆地天然气的发现，使我国成为继俄罗斯、卡塔尔、沙特阿拉伯等国之后的天然气大国。

2000 年 2 月国务院第一次会议批准启动“西气东输”工程，这是仅次于长江三峡工程的又一重大投资项目，是拉开西部大开发序幕的标志性建设工程。

西气东输管道工程起于新疆轮南，途经新疆、甘肃、宁夏、陕西、山西、河南、安徽、江苏、上海以及浙江 10 省（区、市）

66 个县，全长约 4000km。穿越戈壁、荒漠、高原、山区、平原、水网等各种地形地貌和多种气候环境，还要抵御高寒缺氧，施工难度世界少有。

（1）西一线。起于新疆轮南，途经新疆、甘肃、宁夏、陕西、山西、河南、安徽、江苏、上海以及浙江 10 省（区、市）66 个县，全长约 4000km。

（2）西二线。工程为 1 干 1 支，总长度为 4661km，干线长 4595km，与西二线并行约 3000km；支线为荆门—段云应，长度为 66km；主干线设计输气能力 $300\times10^8m^3/a$，压力 10～12MPa，管径 1219mm，与西气东输一线综合参数相同。

（3）西三线。干线管道西起新疆霍尔果斯首站，东达广东省韶关末站。从霍尔果斯—西安段沿西气东输二线路由东行，途经新疆、甘肃、宁夏、陕西、河南、湖北、湖南、广东共 8 个省、自治区。

2. 国际天然气管道

（1）Transgas 天然气管道（即“俄罗斯经乌克兰境内输往欧盟的天然气管道”）。1972 年投入运营，是俄罗斯通往西欧的主要输气管道，经乌克兰进入斯洛伐克后分为两条支线，一条向西经捷克进入德国，另一条向西南进入奥地利向西欧延伸。

（2）亚马尔—欧洲输气管道。该管道将俄罗斯西西伯利亚亚马尔半岛的天然气经白俄罗斯和波兰运送到德国和其他欧洲国家。管道总长 7000km，1999 年Ⅰ线正式投入运营，2004 年通过该管道的天然气出口量为 $236\times10^8m^3$，2010 年其输送能力达到 $657\times10^8m^3$。

（3）蓝流管道。1997 年 12 月 15 日，俄罗斯与土耳其签订了政府间协议，在该协议框架下，俄天然气工业股份公司与土 BOTAS 公司签订了商业供气合同，总供气量达 $3650\times10^8m^3$，供气时间为 25 年。该管道全长 1213km，项目总投资 32 亿美元。2002 年 12 月，管道投入运行。蓝流管道的修建使俄成功打入欧盟候选国土耳其的天然气市场，进而打开了地中海市场，直至扩大与欧盟的天然气合作。

五、管道风险分析

1. 运输风险

（1）施工期间引起的环境变化

施工期间对环境的不利影响主要表现在场地平整、管沟开挖、施工机械、车辆和人员践踏等活动造成土壤扰动和植被的破坏，进而引发水土流失的环境问题。

（2）运行期间可能引起的环境变化

管道输送工程输送的天然气为烃类混合物质，以甲烷为主，其中含有微量 H_2S 气体，为无色、臭鸡蛋味、高等毒性。全线采用密闭输送，正常情况下没有污染物排放，对沿线自然环境影响甚微，但清管作业和放空排放的烟气等会对大气环境产生一定影响。

（3）温室效应

甲烷是造成环境温室效应的三种主要气体之一，排入大气层，不仅因其温室效应引起气候异常，而且消耗大气平流层中的臭氧，严重削弱了臭氧层对太阳紫外线侵袭的防护作用，危害人类健康。对鱼类和水体也要给予特别注意。还应特别注意对地表水、土壤和饮用水的污染。管道输送在正常运行中无天然气排放。清管作业的残留天然气和站场因压差超限紧急截断的事故放空天然气通过放空管或火炬燃烧后排放，以降低有害物质排放量，利于污染物的扩散。管道发生破裂事故，会危害大气环境、动植物和附近居民的安全，除不可抗拒因素外，从设计、施工、监理、巡检、管理等各方面严格控制工程质量和加强生产管理，保证工程的安全。

（4）毒性和窒息性

天然气为烃类混合物，主要成分为甲烷，甲烷属“单纯窒息性”气体，长期接触可导致神经衰弱综合症。高浓度时因缺氧窒息而引起中毒。空气中甲烷浓度达到25%～35%时，可引起头痛、头晕、乏力、注意力不集中、共济失调、呼吸和心跳加速。

如不及时脱离，可致窒息死亡。皮肤接触液化本品，可致冻伤。天然气中含硫化氢，其毒性主要来自硫化氢，硫化氢为神经毒剂。硫化氢的毒性作用主要是对中枢神经和呼吸系统，也可伴随对心脏等器官的损害。

（5）管道天然气气质对管道的影响

机械杂质。输气管道中天然气的流速很高，如果夹带机械杂质如砂、石、铁锈等，可能给管道或设备造成磨蚀，也有可能打坏仪表。

有害气体组分。在天然气中的有害组分如 H_2S、CO_2、H_2O 等，可能造成管道腐蚀，降低天然气管道的使用性能或产生毒害。

液态烃。液态烃在管道低凹处积聚会降低管道输气能力，清管时排出的轻烃处理不慎易引起火灾事故。

（6）管道工程危险有害因素分析

在设计、施工、运行管理过程中，可能存在设计不合理、施工质量问题、腐蚀、疲劳等因素，造成工艺装置、阀门、仪器仪表、管线等设备设施及其连接部位泄漏而引起火灾爆炸事故。

2. 设计因素造成风险

输气管道工程的设计是确保工程安全的第一步，也是十分重要的一步，设计的好坏对工程质量有直接的影响。

（1）工艺流程、设备布置不合理，清管站工艺流程及设备布置与系统安全运行有着非常密切的关系。工艺流程设计合理、设备布置恰当，并能满足输送操作条件的要求时，系统运行就平稳，安全可靠性就高。否则，将给系统安全运行造成十分严重的隐患，甚至使系统难以运行。另外在站场总体布局中，不考虑各种设备的危险特点，设备间距不符合要求，道路不通畅或转弯半径过小等将影响救援车辆的通行。

（2）系统工艺计算不正确，在进行工艺计算时，设计参数有差错或工艺条件不当、工艺控制参数选择不合适、控制系统的控制出现偏差等，将会给系统造成各种安全隐患。

（3）管道强度设计计算时，将根据管道所经地区的分级、管道穿越公路等级、河流大小和地质情况，确定设计参数，如果沿线勘查不清，有可能出现地区分级不准确、高级低定等，造成设计系数选取出现偏差，致使管道壁厚计算不能满足实际情况。管道应力分析、强度、刚度及稳定性校准失误，将造成管道变形、弯曲、扭曲甚至断裂。

（4）管道、站场的位置选择不合理，管道、站场选在土崩、断层、滑坡、沼泽、泥石流或高地震烈度等不良地质上，造成管道弯曲、扭曲、拱起甚至断裂及设备设施损坏；与周边的建（构）筑物安全防火距离不符合标准要求时相互影响，给管道输送天然气带来安全隐患；站场内建（构）筑物布局、分区不合理，防火间距不够，防火防爆等级达不到要求，消防设施不配套，极易相互影响发生安全事故；管道穿越河流、铁路、公路位置不合理，会造成工程量大，防护不到位，检修维护困难。

（5）材料选材、设备选型不合理，在确定管件、法兰、机械设备、仪器仪表材料时，未充分考虑与介质的相容性，导致使用过程中产生腐蚀；与传动机械相连接的法兰、垫片、螺栓组合未充分考虑振动失效，引起螺栓断裂、垫片损坏而造成泄漏；压力表、温度计、安全阀等安全附件参数设定不合理造成安全隐患，并使控制系统数据失真；爆炸危险场所分区错误，使电气设施防爆等级确定错误；截断阀等关键设备未充分考虑自动控制保护系统或控制系统设计存在缺陷。

（6）防腐蚀设计时未充分考虑土壤电阻率、管道附近建（筑）物和电气设备引起的杂散电流的影响，造成管道防腐层老化、防腐能力不够甚至失效；管道外表面防腐材料选择不合理、施工方法不正确、厚度不能满足使用工况要求；管道阴极保护站间距太远，造成保护能力不够等。

（7）管道布置、柔性考虑不周，站场管线平面布置不合理，使管道因热胀冷缩产生变形破坏或振动；埋地管道弯头的设置、弹性敷设、埋设地质影响、温差变化等，对运行管道产生管道位移具有重要影响。柔性分析中，若未充分考虑或考虑不全面，将会引起管道弯曲、拱起甚至断裂。管道介质不稳定流动和穿越公路、铁路处地基振动产生的管道振动导致管道位移，在振动分析中也未充分考虑或考虑不全面。

（8）结构设计不合理，在管道结构设计中，未充分考虑使用中的定期检验和清管要求，造成管道投入使用后不能保证管道内检系统和清管器通过，不能定期检验和清污；管道、压力设备结构设计不合理，难以满足工艺操作要求甚至造成重大安全事故。

3. 施工因素造成风险

管道质量的好坏，不仅与管道使用寿命、系统运行经济效益息息相关，而且直接关系到管道的运行安全。施工过程中影响管道质量的因素主要有：

（1）管道施工队伍技术水平低、管理失控

如果施工单位不具备国家规定的施工资质，专业技术人员、技术装备没有依法取得相应等级的资质证书，施工方案不合理、施工材料不符合要求，或者施工单位违章施工、违规分包、不按设计图纸要求施工，都会引起管道破损变形、防腐层破坏、焊接质量差，对施工质量造成严重影响。

（2）强力组装对管道质量的影响

强力组装时，一般需要采用特别的方法（如定位块焊接）使管道变形，而一旦焊接完成并去除装配工装或定位块时，管道因恢复原来的变形而在焊缝内产生了较高的安装残余应力，使工作时管道中的压力增大。

强力组装时，在管道外表面焊接或用其他方式固定的工装或定位块，有可能破坏钢管外表面材质状况，造成管道承压运行后，在破坏点产生缺陷，同时也有可能损坏表面防腐层，使管道防腐性能或等级降低。

（3）焊接缺陷

焊接会使输气管道产生各种缺陷，较为常见的有裂纹、夹渣、未熔透、未融合、焊瘤、气孔和咬边。输气管道除特殊地形采用地上敷设或跨越外，一般均应埋地敷设。管道一旦建成投产，一般情况下都是连续运行。因此，管道中存在焊接缺陷，不但难以发现，而且不易修复，会给管道安全运行构成威胁。

① 焊接方法的影响，手工焊方法不仅焊接速度慢、劳动强度大，而且焊接质量低，目前已不再适宜在管道建设中应用；手工下向焊工艺采用多机组流水作业，劳动强度较低，效率较高，焊接质量也较好，但焊接质量取决于焊接环境和操作人员素质；自保护半自动焊接工艺可以连续送丝、不用气体保护、抗风性能较强、焊接易操作等，但缺点是不能进行根焊，且操作不当时盖面容易出现气孔；自动焊技术适用于大口径、大壁厚、大机组流水作业，焊接质量稳定、操作简便、焊缝外观成型美观，其缺点：一是对口质量要求高，二是坡口要求严格，三是受外界气候影响大，四是边远地区惰性气体（如氩气）供应不能保障。

② 地形地貌对焊接质量的影响。敷设长输管道可能会遇到各种地形，施工单位只能根据现场的施工条件，因地制宜，选择不同的焊接方法来满足工程的需要。因此，地形地貌对焊接质量有直接的影响。

③ 环境对焊接质量的影响，野外露天施工，经常处于风、雨、温度、湿度等自然环境中，这不仅使人的操作技能难以正常发挥，而且不能提供良好的作业条件。

（4）补口、补伤质量的影响因素

钢管除端部焊接部位留有一定长度外，在钢管厂或防腐厂都进行了防腐处理，钢管在现场焊接后，为防腐的焊接部位需要补口。在施工过程中，由于种种原因造成钢管内外表面的防腐层破坏，特别是外表面涂层的损坏，在损坏处要补伤。补口、补伤质量的不良会影响管道抗腐蚀性能，从而引起管道腐蚀失效。

（5）管沟、管架质量的影响因素

输气站（场）管道，除穿越道路采用埋地敷设，其他一般采用沿地敷设，使用管架支撑；站场外管道基本采用埋地敷设。管沟、管架质量对管道质量的影响因素有：

① 管沟开挖深度或穿越深度不够，遇洪水或河流冲刷覆土或河床，将使管道悬空或拱起，造成变形、弯曲等。

② 管沟基础不实，回填压实特别是采用机械压实，将造成管道向下弯曲变形。

③ 地下水位较高而未及时敷设排水管道，由于管道底部悬空，如果夯实不严，极易造成管道向上拱起变形。

④ 管道敷设时，沟底土及管道两侧和上部回填土中砂石粒度超粗，而造成损坏防腐层。

⑤ 管架强度不够，支撑的管道下沉而产生变形。滑动管架表面粗糙或安装不平整，在热胀冷缩时难以滑动，造成管道变形。

(6) 管道穿跨越的影响因素

管道在敷设途中，往往需要穿越公路、铁路及河流或其他特殊设施，在穿跨越中的影响因素有：

① 穿越河流段的管道，当河床受水流的冲刷，将可能造成管道悬空。

② 河流堤岸防护工程的施工或公路、铁路养护工程的施工可能对管道造成危害。

③ 管道穿越电气化铁路或从高压变电站、高压线路附近通过时，地层的强杂散电流将破坏管道阴极保护电流的保护作用，使局部阴极保护失效，增加管道腐蚀的危险性。管道附近有腐蚀性较强的化工厂，其废物流入地层中并扩散，造成腐蚀环境发生变化使管道防腐层老化，缩短管道使用寿命。

④ 对穿越地段的管道漏检或检验不严，给管道运行带来隐患。

⑤ 若穿越深度不足，过往列车和车辆将造成地基振动产生管道振动，输送的天然气将在管道内部产生不规则的压力波动，从而引起交变应力，随着交变应力的作用，管道的一些几何不连续部位将产生疲劳裂纹。疲劳裂纹会逐渐扩展并最终贯穿整个壁厚，从而导致介质泄漏或火灾爆炸。

（7）施工过程的危险因素

施工过程中，由于不少地方需要在脚手架、高处平台作业，如有不慎，很容易发生高处坠落事故；施工过程中，物料起吊、高处物体失稳落下易造成物体打击伤害；施工过程中使用大量的机械设备如有不慎易发生机械伤害；施工过程中来回穿梭的各种车辆容易导致车辆伤害；施工中也可能发生触电伤亡事故等。施工过程中的有害因素主要有：高温、低温、噪声（振动）、潮湿等。

4. 管道腐蚀的危害

腐蚀是造成输气管道事故的主要原因之一。腐蚀既有可能大面积减薄管道的壁厚，从而导致管道过度变形和破裂，也有可能直接造成管道穿孔或压力腐蚀开裂，引发漏气事故。

清管站场地面管道、设备，由于受到大气中水、氧、酸性物等物质作用会引起大气腐蚀，对发生在地面设施的大气腐蚀由于易被发现和处理，在此不做重点分析。长输管道主要采用埋地敷设，管道受所处环境土壤类型、土壤电阻率、土壤含水量、pH值、硫化物含量、氧化还原电位、微生物、杂散电流及干扰电流等因素的影响，会使管道发生电化学腐蚀、化学腐蚀、微生物（细菌）腐蚀、应力腐蚀和干扰腐蚀等。

（1）电化学腐蚀、化学腐蚀

金属管道在电解质中，由于各部位电位不同，在电子交换过程中产生电流，作为阳极的金属会被逐渐溶解，这种现象称为电化学腐蚀；金属与接触到的化学物质，直接发生化学反应而引起的腐蚀称为化学腐蚀。一般情况下电化学腐蚀和化学腐蚀往往同时发生，但化学腐蚀对管道外壁的腐蚀作用比电化学腐蚀小。

（2）应力腐蚀

应力腐蚀是外加应力与腐蚀联合作用下，所引起的材料破坏，由此引起金属的开裂或断裂现象称为应力腐蚀开裂，这种开裂往往是突发性、灾难性的，会引起爆炸、火灾等事故，是埋地管道危害最大的腐蚀形式之一。

对于埋地管道，主要的应力腐蚀形式有：管道内硫化物引起的应力腐蚀开裂、管道外壁高 pH 碱性土壤中的应力腐蚀开裂和管道外壁近中性土壤中的应力腐蚀开裂。它们的共同特点必须具备三个条件，即腐蚀环境、敏感的管材和拉应力的存在。

（3）土壤腐蚀、大气腐蚀、水腐蚀、微生物(细菌)腐蚀

土壤、大气和水是输气管道外部的主要自然环境，对于埋地输气管道的外腐蚀而言，最常见的腐蚀类型是土壤电化学腐蚀，对于跨越段、水(河)底管线的立管、上岸管道还存在大气腐蚀及水腐蚀。大气腐蚀：影响金属在大气中腐蚀的主要因素有湿度、温度和杂质。输气管道内壁腐蚀，主要由于管输介质含有的H_2O、H_2S、CO_2等引起。

（4）电流干扰腐蚀

地中流动的杂散电流或干扰电流对输气管道将产生腐蚀，称为电流腐蚀，分为直流杂散电流腐蚀和交流杂散电流腐蚀两种。

直流杂散电流主要来自直流的接地系统，如直流电气轨道、直流供电所接地极等。埋地钢管因直流杂散电流或干扰电流造成的腐蚀与一般的电流腐蚀一样，具有局部腐蚀的特征，这种杂散电流或干扰腐蚀常常造成管道穿孔。

交流杂散电流主要来自高压输电线路等，其对埋地钢管产生电场作用、磁场作用和地电场作用。由于管道防腐层存在漏敷点及其他缺陷，必然造成交流干扰电流进入而出现交流电流干扰腐蚀。

（5）疲劳失效

管道、设备等在交变应力作用下，发生的破坏现象称为疲劳损坏。由于经常开停车或变负荷，系统流动不稳定，穿越公路、铁路处地基振动产生管道振动，输送的天然气将在管道内部产生不规则的压力波动，从而引起交变应力。

管道、设备等在制造过程中，不可避免地存在开孔或支管连接，焊缝存在错边、棱角、余高、咬边或夹渣、气孔、裂纹、未焊透、未融合等内部缺陷，这些几何不连续将造成压力集中。随

着交变应力的作用，这些几何不连续部位将产生疲劳裂纹。疲劳裂纹会逐渐扩展并最终贯穿整个壁厚，从而导致介质泄漏或火灾爆炸。

六、管道输送事故案例

【案例1】 1995年7月29日，横贯加拿大管道公司的一条管径1067mm天然气管道，在瑞皮得城(Rapid City)破裂着火，50min后，距爆裂口7m远的一条管径为914mm复线被大火的高温烧烤而爆裂起火。

事故经过：爆裂点距30号站外200m处，爆裂后该站流量大幅度上升，而下游压力急剧下降。由于该站值班员发现火灾后，慌忙中未将截断阀的关闭按钮按到底，阀门不动作。他只好电话通知地区控制中心启动紧急切断程序，但因故未能迅速执行这一指令。50min后才成功切断了该点上、下游气源，但大火仍在燃烧。旁边相距7m的直径914mm复线被烤裂着火。这条直径1067mm干线的大火烧了1个多小时才熄灭。由于距站场很近，烧坏了许多设备，共停用15天。

事后原因：这是因管材的直焊缝根部存在缺陷，形成外表面应力腐蚀开裂，受超载应力后引起的延性过载断裂，而复线火灾是大火引发的次生灾害。

这次事故说明监测、控制输气管道应力腐蚀的重要性以外，如何确保事故时紧急切断系统运转，操作人员能正确进行应急处理的操作是避免事故扩大，减轻事故损失的重要环节。

【案例2】 1994年7月23日，加拿大管道公司一条直径914mm输气管道在安大略省的Latchford附近爆裂着火。事发后20min内，设在卡尔加里的总控中心人员确认了出事地点，启动了紧急切断程序，停运了压缩机，有效地切断了出事管道的气源。大火烧了近2个小时后自行熄灭。

事后调查发现，一条大约22m长的直焊缝管沿焊缝裂开，并飞出地面，炸出了一个宽16m、长36m、深2~4m的大坑。大火热影响面积约7025m^2。估计大火烧掉了$419\times10^4m^3$天然气，另外用于清扫管线的用气量约 $23 \times 10^4 m^3$。

事故原因：引发爆裂的是一大片腐蚀区，长约 1440mm、宽约 1210mm，腐蚀深度约 70%。正是由于这条建于 1972 年的管道的防腐层已经老化，在阴极保护强度不够的情况下，又忽略了腐蚀损伤的在线检测，管壁腐蚀严重而引发了爆裂事故。

【案例 3】1994 年 3 月 24 日，在美国新泽西州，一条 ϕ914mm 天然气管道因机械损伤造成管外裂纹扩展到临界尺寸，引发管道破裂，泄漏的天然气着火后形成的火球高 152m，方圆 91m 的建筑物受到了热辐射的影响，毁坏了 128 套房屋，撤离了 1500 名居民，有 50 多人受伤无人死亡。受伤有限的原因是在泄漏事故发生到爆炸的几分钟时间内居民大都撤离出危险区。输气公司用手动阀花了 2 个多小时才有效切断气源，因此财产损失严重。

【案例 4】1971 年 5 月 22 日，我国四川省威成输气管道的越溪段，正常运行中管线突然爆管，气流将管子沿焊缝平行方向撕裂，重达 201kg 的管子碎片飞出 151m 远。气流冲断了 10m 外的输电线起火。火灾使 50m 以外两栋宿舍着火，伤 26 人死 4 人，停输 2 天。抢修后换上新管段，运行 7 个多月后，1972 年 1 月 13 日，同一部位第二次爆管。

该管道为 $\phi 630 \times 8$，试压压力 5MPa，1968 年 9 月 28 日投产，工作压力仅 2.1MPa。经查明这是由于严重的内腐蚀引起，腐蚀速率达到了 2.6~10.4mm/a。主要原因是因为投产一年后，沿线接入了含 H_2S 的天然气，爆破段为一下凹的弯管。

对第二次爆破残骸分析：

（1）腐蚀破裂发生在管内水浸区，在水浸区以外的管内壁腐蚀均微弱。腐蚀最为严重的部位是气、水交界带上。积水段气、水交界处有一长约 520mm、宽约 7mm 的条形腐蚀槽，槽中央最薄处只有 0.5mm，推算出积水处腐蚀速率为 10.4mm/a。

（2）管内大量的黑色腐蚀产物，经分析主要是各种不同结构的硫化铁，尽管该管线天然气中 CO_2 含量为 H_2S 的 20 多倍，但

腐蚀仍以 H_2S 为主。

为防止再次发生腐蚀爆管事故，该管线清除积水段，并定期通球清管，一直运行至今。

【案例 5】2002 年 1 月 1 日凌晨 3 时 20 分，黑龙江省大庆市萨尔图区洗浴中心天然气管道泄露引起重大爆炸事故，死亡 6 人，重伤 2 人，轻伤 2 人。

(1) 直接原因。洗浴中心违章修建在大庆油田公司采油一厂的地下油气管线上。洗浴中心每天都要排出大量含碱的污水渗入地下，长期对地下管线腐蚀，致使管线出现穿孔，造成天然气泄漏进入室内达到爆炸极限，遇电冰箱继电器打火而引起爆炸。

(2) 事故原因分析。各级管理部门和企业安全管理人员的疏忽大意是造成这起事故的主要原因。首先，大庆油田公司对地下油气管线的安全管理和巡查不彻底，对有人员居住甚至从事经营活动的建筑物占压油气管线构成的重大事故隐患，未采取得力措施，对油气管线生产用地监管不力、掌握不清，缺乏应有的调查了解和相应的监测防范措施。其次，安全管理部门在油气管线的规划、土地使用、房屋建设上，把关不严，擅办审批手续，在查处违章违建工作中力度不够。

【案例 6】2005 年 10 月 6 日下午 6 时 20 分左右，陕西榆林市神木县境内的陕京输气管道发生泄漏，出事地点附近 4000 余人紧急疏散，未造成人员伤亡。

事故原因是当地村民麻卡学个人经营的畜牧场养殖基地水池开挖施工时，装载机施工挖裂输气管道。

综上所述，通过对案例分析表明，输气管道爆管一般均会着火，多数发生爆炸，若扑救不及时还会引发次生灾害。例如，若管道的干线截断阀因故关闭不及时，将延长泄漏时间、增大泄漏总量，使火灾扑救困难，可能因大火高温强烈热辐射引发次生灾害，损失巨大。

第三节　CNG 车辆运输

一、概述

CNG 车辆运输分为公路运输和铁路运输两类，但是由于铁路运输成本高而使用较少，重点应用在 CNG 汽车运输领域。

天然气汽车运输分为天然气贮槽、半挂车、牵引车、列车系列。属于化工设备里的运输设备，专业运输天然气、低温液化天然气等。

CNG 车辆包括牵引车、车头和管束等。

牵引车架，牵引汽车注意牵引汽车底盘。半挂车架选用分体式双轴半挂车车架，由挂车厂按要求定制。

列车，一般整车外形尺寸长×宽×高≈14500mm×2500mm×3900mm，要求符合 GB 7258—2012《机动车运行安全技术条件》标准规定。整车两侧设置有安全防护栏杆。

（1）天然气高压气体长管液压加气半挂车。由瓶组撬车和钢瓶组成。天然气运输车的安全装置的设计至关重要。安全装置主要包括三个方面：绝热、防止超压和消除燃烧的可能性（禁火、禁油、消除静电）。

（2）绝热方式。天然气在空气中的爆炸极限为 5%～15%，属于易燃易爆气体，同时，还属于低温介质。因此，盛装天然气的运输车应采用低温绝热结构。常用的天然气运输车绝热方式主要有真空粉末绝热、高真空多层绝热等。选择绝热型式的原则是经济高效、绝热可靠、施工简单。

（3）安全阀装置。在低温领域的设计中，在罐体上必须有两套安全阀在线安装的双路系统，并设置转换开关。当其中一路安全阀需要更换或检修时，可以切换到另一路安全阀，并至少有一套安全阀在使用。在低温系统中，安全阀由于冻结而不能及时开启所造成的危险应引起重视。安全阀冻结大多是由于阀门内漏，低温介质不断通过阀体而造成的，一般可通过目视检查安全阀是否结冰或结霜来判断。一旦发现这种情况，应及时拆下安全阀排除内漏故障。

（4）阻火器。为了运输安全，运输车上除了安全阀外还设有公路运输泄放阀。在运输车的气相管路上设置一个设备放空阀作为第一道安全保护，罐内的压力升高到安全阀开启压力前就泄放罐内压力，不仅保护了罐体还可以避免安全阀动作。在泄放管路上需设置阻火器，阻火器内装耐高温陶瓷环。当放空口处着火时，耐高温陶瓷环可以防止火焰回窜，起到阻隔火焰的作用，保护设备的安全。

（5）紧急切断装置。在罐体的液相管、气相管出口处应设置紧急切断装置。该阀一般为气动球阀或截止阀，通气开启，放气关闭。紧急切断阀阀体内的汽缸应设置易熔塞。易熔塞为伍德合金，其融熔温度为(70±5)℃。伍德合金浇注在螺塞的中心通孔内，螺塞便于更换。易熔塞直接装在紧接切断阀的气源控制汽缸壁上，当易熔塞的温度达至(70±5)℃时，伍德合金融化，并在内部气压(0.1MPa)的作用下，将熔化了的伍德合金吹出并泄压。泄压后的紧急切断阀在弹簧的作用下迅速自动关闭，达到切断装卸车作业的目的。

（6）测液位仪表。为了在运输过程中及时监控内容器压力，防止超压，在罐体前部设有车前压力表，便于操做人员在驾驶室内就近观察内容器压力。在车后部操做箱内也设有压力表，因为运输过程中会有振动，所选压力表必须为防震压力表。为了方便更换压力表，在压力表前应设置压力表阀。在后操作箱内还设有差压液位计，通过仪表盘显示的数据可以确定罐内的液位高度。在仪表盘附近设有充装重量对照表，可以很快确定罐内充装介质的质量。为了防止超装，还设有一测满阀。当充装液位达到最高液位时，液体从测满阀流出，此时，必须关闭测满阀，不允许再充装。

（7）导静电接地装置。在运输车上还配有导静电接地装置，以消除装置静电；在车的后部左右两侧还配有两只灭火器，以备有火灾险情时应急应用。

(8) 输液方式。天然气运输车输液主要是压力输液(自增压输液)方式。压力输液是利用在增压器中气化天然气返回罐内增压，借助压差排出天然气。管路设计上必须设置有增压管路，注意夹层内增压管路气封位置一定要尽量低，以充分利用液位。

二、CNG 管束车辆

CNG 长管拖车是储存、运输 CNG 的专用车，它的设计、制造、检验及验收应符合 GB 7258—2012《机动车运行安全技术条件》等标准要求。具有储存容量大、运输效率高、运载方便的优点，如图 5-1 所示。

CNG 长管拖车主要由半挂车、框架、大容积无缝钢瓶、前端安全仓、后端操作仓五大部分组成。CNG 长管拖车的主要参数：钢瓶规格、钢瓶尺寸、钢瓶水容积及数量、管束水容积、钢瓶材质、储量、钢瓶重量、集装管束重量(空载)、集装管束尺寸等。

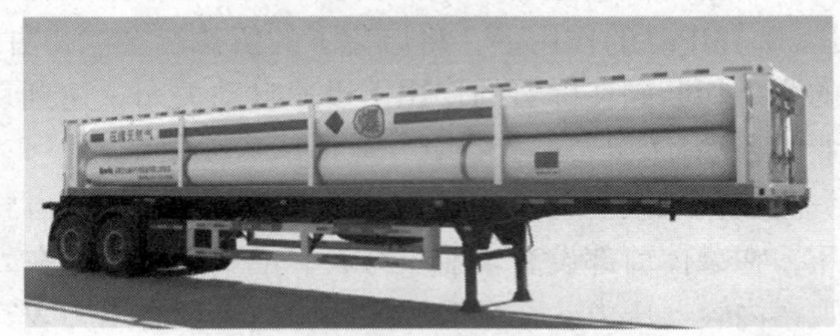

图 5-1　CNG 管束车

三、车辆运输 CNG 安全要求

(1) CNG 运输车的驾驶员、押运员必须了解所驾驶车辆的性能，具有熟练的驾驶技术；必须了解天然气的性质及有关天然气的安全知识。

(2) CNG 运输车必须配备专用的不易产生火花的检修工具和必要的备品、备件等(防爆工具)。

(3) CNG 运输车必须配备符合要求的安全防火、灭火装置。

驾驶员、押运员要熟练掌握使用方法。

（4）CNG 运输车的驾驶员及押运员必须严格按照该车使用说明书的要求，做好车辆的日常检查和维护工作，及时排除故障，保证车辆处于良好状态；必须严格按照钢瓶使用说明书的要求，使用及维护保养钢瓶；必须经常检查安全附件(安全阀、压力表、温度计、放空阀、球阀、消除静电装置及灭火器)的性能，保持良好的状态；保证整车的安全合理使用。

（5）安全阀和压力表至少每半年校验一次。

（6）CNG 运输车的驾驶员及押运员必须随车携带好充装、卸气和运输过程中必要的证件和说明，并在瓶组的充装、卸气和运输过程中严格遵守安全操作规程的要求。

四、集装式 CNG 运输箱充装与卸气安全要求

1. 充装作业安全

（1）新车(或检修后的车)在充装前必须对钢瓶内的气体进行置换，严禁直接灌装，可采用抽空或氮气置换的方法，置换后瓶内气体含氧量不大于 3%。

（2）充装作业现场严禁烟火，必须使用防爆工具，照明时必须使用具有防爆功能的照明用具。

（3）运输车进入充装区，提起接地带，连接静电接地导线。

（4）必须按充装单位的指定位置停车(但应避免 CNG 充装软管过度弯曲)，关闭汽车发动机，打开挂车部分储气筒上的发散阀，对挂车实施刹车制动。

（5）充装作业前必须用导线将操作箱内的导电铜片与充装站上的地线连接。

（6）检查各瓶组汇总处球阀，确保其处于正确状态。

（7）开启快装接头盖，将充装站上的充装软管与操作箱内的快装接头连接，确保连接到位。

（8）充装过程中严密注意瓶组压力表及温度计刻度变化，对照温度压力对照表充至规定的压力。

（9）充装时必须有流量计等计量装置，不得超过允许的最大

充装量。充装后必须复查流量计和压力表，严禁超装，如发现超装，严禁驶离充装现场。

（10）充装作业时，操作人员、押运人员均不得离开现场，在充装作业未彻底完成之前，不得随意启动车辆。

（11）充装后应认真填写充装记录。内容包括：车型、车号、充装量、充装人、充装日期及司机姓名等。

（12）关闭挂车储气筒上的放气阀，启动汽车发动机，解除挂车上的刹车制动，将运输车、驶离站区后，放下接地带。

2. 卸气作业安全

（1）运输车应按卸气单位的指定位置停车（但应 CNG 卸气软管过度弯曲为宜），关闭汽车发动机，打开挂车部分储气筒上的放气阀，对挂车实施刹车制动。

（2）运输车到卸气站后，应及时卸气。卸气前必须对运输车各安全附件进行检查，无异常情况方可卸气。

（3）运输车进入卸气区，提起接地带，连接静电接地导线。

（4）卸气作业现场严禁烟火，应使用防爆工具和用品，照明时必须使用具有防爆功能的照明用具。

（5）卸气作业前必须用导线将操作箱内的导电铜片与卸气站上的地线相连接。

（6）开启快装头盖，将卸气站上的卸气软管与操作箱内的快装接头连接，确保连接到位。

（7）卸气作业时，操作人员、押运人员均不得离开现场，在卸气作业未彻底完成之前，不得随意启动车辆。

（8）卸气后应认真填写卸气记录。内容包括：车型、车号、卸气量、卸气人、卸气日期及司机姓名等。

（9）关闭挂车储气筒上的发气阀，启动汽车发动机，解除挂车上的刹车制动，将运输车驶离站区后，放下接地带。

第六章　压缩天然气(CNG)加气站

第一节　CNG 加气站工艺与设备

CNG(Compressed Natural Gas)压缩天然气的缩略语。CNG 加气站就是为 CNG 汽车储气瓶充装车用 CNG 或为 CNG 车载储气瓶组充装 CNG 以便外输的场所，包括 CNG 常规加气站、CNG 加气母站、CNG 加气子站。加气站的形式不同，工艺和设备也有差异。加气站的主要设备包括：压缩机、储气井或储气瓶、加气机、脱硫塔、干燥器、PLC 控制柜、安全附件等。

一、CNG 加气站分类

(1) CNG 常规加气站(CNG general filling station)

从站外天然气管道输入天然气，经过适当的工艺处理并增压后，通过加气机给 CNG 汽车储气瓶充装车用 CNG 的场所。

(2) CNG 加气母站(CNG primary filling station)

从站外天然气管道输入天然，经过适当的工艺处理并增压后，通过加气柱给 CNG 车载储气瓶组充装 CNG，同时也可通过加气机直接给 CNG 汽车储气瓶充装车用 CNG 的场所。

(3) CNG 加气子站(CNG secondary filling station)

用车载储气瓶组拖车运进 CNG，通过加气机为 CNG 汽车储气瓶充装车用 CNG 的场所。

二、CNG 常规加气站工艺

CNG 常规加气站是指在站内利用城市天然气管网取气，经过调压、脱硫、脱水、压缩等生产工艺将天然气加工成压缩天然气，并为燃气汽车充装的站点。特点是站点的所有生产及销售均集中在站内进行。适合建在具有城市天然气管网，且加气车辆较多的地点，工艺流程如图 6-1 所示。

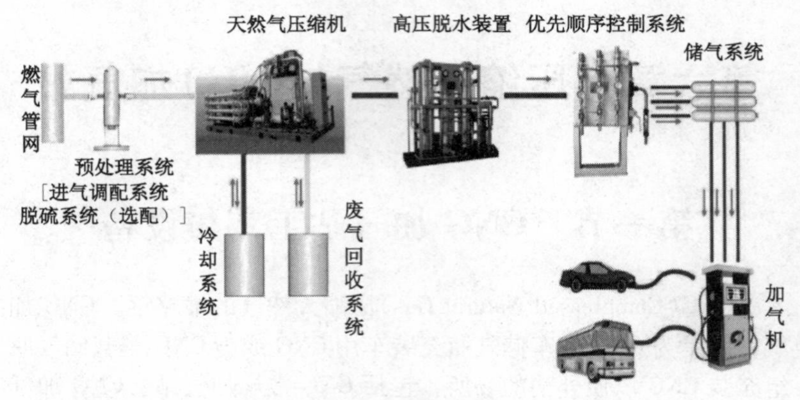

图 6-1 CNG 标准站流程图

低压原料气进入 CNG 加气站后，经调压计量、脱硫、脱水、加压、储存、充装等环节，最后输出高压压力大于(20MPa)车用压缩天然气。

1. 原料天然气

城市输配管网供气的 CNG 加气站、其低压原料气压力等于或大于 0. 3MPa、与压缩机要求的进气压力相匹配。供应 CNG 加气站的原料天然气有两种：一种是天然气中含有一定量的硫化氢含量；另一种天然气成分中无硫化氢。

2. 进气调压计量系统

低压原料天然气进入 CNG 加气站后，首先进入调压计量系统、这个系统包括过滤、分离、调压、计量、缓冲等装置。若原料组分中含有超标硫化氢成分时，应设置脱硫装置，进行脱硫处理。

3. 深度脱水

原料天然气进入脱水装置吸附塔、塔内的 4A 型分子筛能有效吸附天然气中的水分，使天然气中的水含量达到车用压缩天然气水含量的要求。深度脱水装置及其设置有两种：

（1）低压脱水装置，设置在压缩机前，原料天然气经调压计量系统后，即进入深度脱水装置，经过脱除水分的天然气进入压缩机，对压缩机也有一定的保护作用。

（2）高压脱水装置，设置在压缩机后，原料天然气经调压计量系统后即进入压缩机，压缩后的天然气压力升高至25MPa，然后进入深度脱水装置脱除水分。

4. 压缩机装置

低压天然气经压缩机加压后，天然气压力升高到25MPa。使用比较普遍的压缩机是V型压缩机、L型压缩机。目前建设的CNG加气站生产规模多为10000Nm^3/d和15000Nm^3/d，一般配备2台压缩机。

5. 储气系统

为了满足汽车不均衡加气的需要，CNG加气站必须设置高压储气系统，以储存压缩机加压的高压气。储气系统采用的储气方式有以下几种：

（1）小气瓶储气。单个小气瓶容积仅50L，需要气瓶数量多、接点多、泄漏点多、维护与周检工作量大。

（2）管井储气。使用API进口石油套管加装高压封头，立式深埋地下约150m左右，形成水容积2~4m^3的储气管井。

（3）大型容器储气。常用的有两种，一是多层包扎的天然气储气罐，公称直径为*DN*800、容积规格为2m^3、3m^3、4m^3，分卧式与立式两种；另一种是柱型（球型）单层结构高压储气罐，容积规格为2m^3、3m^3、4m^3或以上。

6. 加气机

加气机是用来给CNG加气汽车加注高压天然气。它由科里奥利质量流量计、微电脑控制售气装置和压缩天然气气路系统组成。其屏幕显示售气单价、累计金额和加气总量。

三、CNG加气母站工艺

CNG母站是指在具有稳定气源的地点建设具有调压、脱硫、脱水、压缩等工艺的大型CNG生产站点（CNG母站），将生产出的 CNG 充装到车载储气瓶组内，通过牵引车将车载储气瓶组运送到对各类燃气汽车充装的站点(子站)销售的系统。如图 6-2 所示。

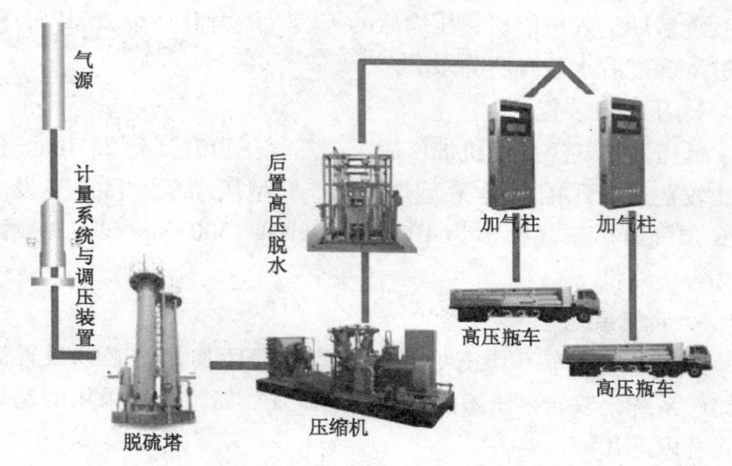

图 6-2　CNG 加气母站流程图

CNG 加气母站气源来自天然气高压管网，对于不需要进行脱硫的天然气气源，过滤计量后进入干燥器进行脱水处理，干燥后的气体通过缓冲罐进入压缩机加压。压缩后的高压气体分为两路：一路通过顺序控制盘，进入储气井，再通过加气机给 CNG 燃料汽车充装 CNG；另一路进加气柱给 CNG 槽车充装 CNG，如图 6-3 所示。

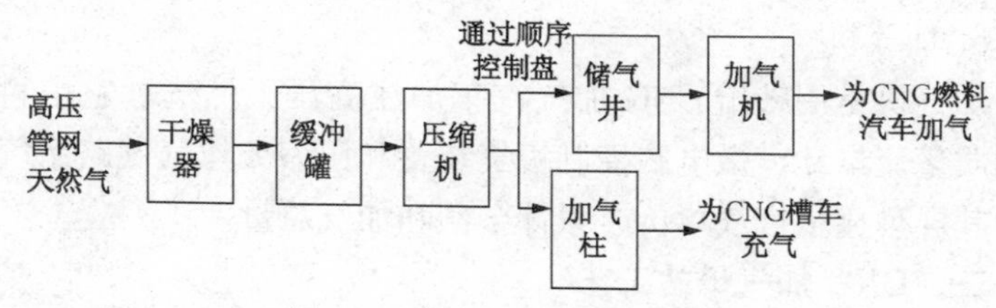

图 6-3　加气站母站工艺流程

四、CNG 加气子站工艺

CNG 加气子站根据生产工艺，目前又分为 CNG 标准子站和 CNG 液推式子站。

1. CNG 标准子站

即车载储气瓶组提供 CNG 气源，在车载储气瓶组内 CNG 压力衰减后，经过小型压缩机再次加压，通过优先顺序控制进入储气井或储气瓶组，通过 CNG 加气机给燃气汽车充气的 CNG 站点，如图 6-4 所示。

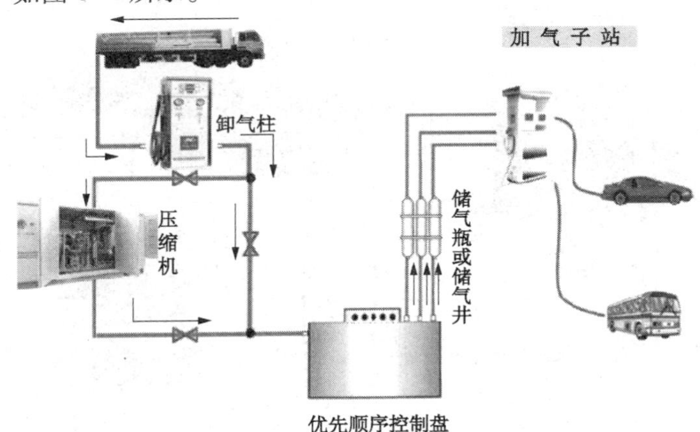

图 6-4　CNG 标准子站流程图

标准子站工艺：CNG 子站拖车到达 CNG 加气子站后，通过卸气高压软管与卸气柱相连。启动卸气压缩机，CNG 经卸气压缩机加压后，通过顺序控制盘进入高、中、低压储气井组，储气井组里的 CNG 可以通过加气机给 CNG 燃料汽车加气，如图 6-5 所示。

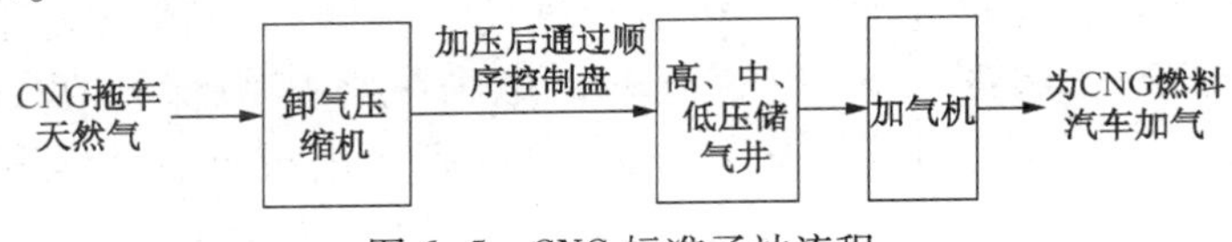

图 6-5　CNG 标准子站流程

2. CNG 液推式子站

通过站内的撬装液推装置直接将特殊材质的液体充入车载储气瓶组钢瓶中，将钢瓶内的 CNG 推出，通过站内的 CNG 加气机给燃气汽车的充气的 CNG 站点。液推子站为单线充装子站，如图 6-6 所示。

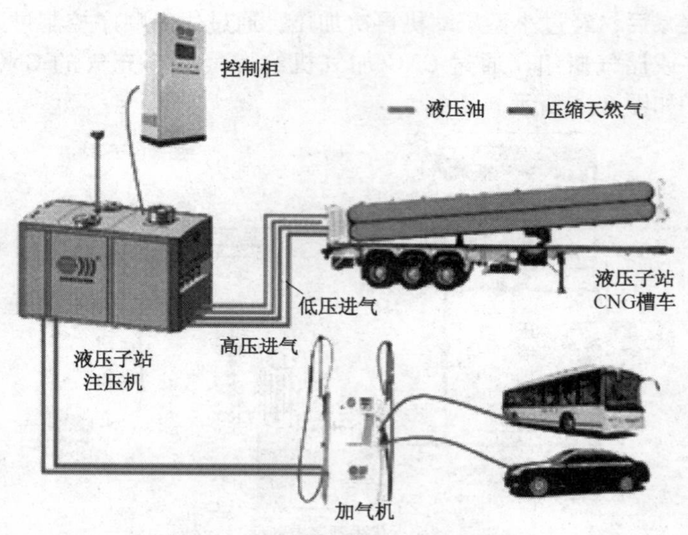

图 6-6　CNG 液推式子站工艺示意图

CNG 液推式子站工艺流程：CNG 子站拖车到达 CNG 加气子站后，通过快装接头将高压进液软管、高压回液软管、控制气管束、CNG 高压出气软管与液压子站橇体连接。系统连接完毕后启动液压子站撬体或者在 PLC 控制系统监测到液压系统压力低时，高压液压泵开始工作，PLC 自动控制系统会打开一个钢瓶的进液阀门和出气阀门，将高压液体介质注入一个钢瓶，保证 CNG 子站拖车钢瓶内气体压力保持在 20～22MPa，CNG 通过钢瓶出气口经 CNG 高压出气软管进入子站撬体缓冲罐后，经高压管输送至 CNG 加气机给 CNG 燃料汽车加气，如图 6-7 所示。

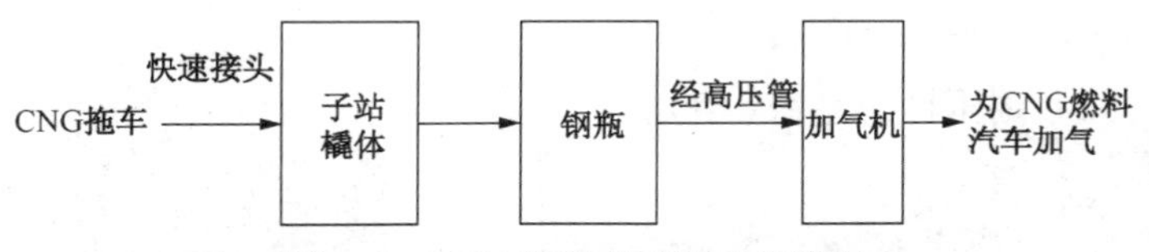

图 6-7　CNG 液推式子站工艺流程

五、CNG 加气站工艺要求

进站天然气管道上应设置超压切断阀、过滤器、调压阀、缓冲罐和全启封闭式弹簧安全阀等。计量装置应选用计量精度不低于 1.0 级的智能型流量计；进站天然气硫化氢含量超过 15mg/m^3 时，站内应设置脱硫装置。脱硫设备应按 2 台并联设计，其中一台备用；天然气脱水装置应按 2 套系统并联设计，一套系统在运行，另一套系统进行再生，交替运行周期可为 6~8h。

加气站内压缩机的选型应结合进站天然气压力、脱水工艺和设计规模确定。装机数量应按 2 台并联设计，其中一台备用。在加气母站内压缩机可多台并联运行，另设 1 台备用压缩机；计算多台并联运行的压缩机单台排气量，应按公称容积流量的 85%计算。压缩机进口管道上应设置手动和电动控制阀门；电动阀门宜与压缩机的电气开关联锁。压缩机出口管道上应设置安全阀、止回阀、手动阀门。压缩机的控制与保护应设有自动和手动停车装置。

六、CNG 加气站主要设备

CNG 加气站的关键技术可分为 5 个系统，分别是：预处理系统、压缩系统、储存系统、加气系统和控制系统。这五个系统基本囊括了 CNG 加气站的设备：

1. 预处理系统

主要作用：调压、计量、净化杂质，如图 6-8 所示。

主要设备：过滤器、调压计量系统（柜）、脱硫塔、低压或高压干燥器。

适用站点：CNG 标准站和 CNG 母站。

（1）过滤器。作用是过滤掉天然气中的杂质，一般的过滤器的过滤精度为 5～20μm。

（2）调压计量系统（柜）。

图 6-8　过滤调压计量系统

（3）脱硫塔。脱除进站天然气中超标的硫化物和硫化氢等酸性气体，如图 6-9 所示。

图 6-9　脱硫塔

城市天然气管网输送天然气的质量标准是《天然气》(GB 17820)，硫化氢含量≤$20mg/m^3$，与车用天然气标准有差距。当进站天然气硫化氢含量不符合国家标准《车用天然气》(GB 18047)的有关规定时，应在站内进行脱硫处理。脱硫应在天然气增压前进行，脱硫系统宜设置备用脱硫塔。脱硫塔前后的工艺管道上应设置硫化氢含量检测取样口，也可设置硫化氢含量在线检测分析仪。

(4) 脱水装置。CNG 加气站采用的脱水装置主要是干燥器。作用是对原料气进行深度脱水，使压缩机的成品气达到车用压缩天然气标准，如图 6-10 所示。

脱水分为前置脱水和后处理脱水，脱水系统宜设置备用脱水设备，在脱水设备的出口管道上应设置露点检测仪。

图 6-10　脱水装置

2. 压缩系统

主要作用：将低压天然气增压到 20～25MPa，是 CNG 加气站的核心系统。

主要设备：缓冲罐、压缩机及配套设备。

适用站点：CNG 标准站、CNG 母站、CNG 标准子站。

液推装置是 CNG 液推式子站的一种压缩系统。

压缩机的排气压力不应大于 25MPa，在压缩机组进口前应设分离缓冲罐，机组出口后宜设排气缓冲罐。分离缓冲罐应设置在进气总管上或每台机组的进口位置处；机组排气缓冲罐宜设置在机组排气除油过滤器之后。分离缓冲罐及容积大于 0.3m³ 的排气缓冲罐，应设压力指示仪表和液位计，并应有超压安全卸放措施。

图 6-11　缓冲罐

（1）缓冲罐。缓冲和稳定压力，消除压缩机系统压力急剧波动，减少对系统设备的频繁冲击，使压缩机平稳的工作。如图6-11所示。

（2）压缩机及配套设施。

压缩机是压缩系统，也是整个 CNG 加气站的心脏。压缩机在加气站内最为重要，其性能好坏直接影响 CNG 加气站运行的可靠性和经济性。CNG 加气站压缩机一般采用往复式压缩机，其转速高、输出压力高、主机驱动方式多为电机驱动。压缩机是 CNG 加气站内最复杂的设备，集中了机械、电气、润滑、冷却、自动化控制、报警联锁等多个系统。压缩机的结构和原理等内容详见第三章。CNG 标准站压缩机（L 型）如图 6-12 所示。

图 6-12　CNG 标准站压缩机（L 型）

压缩机组的运行管理宜采用计算机集中控制，压缩机的卸载排气不应对外放散，宜回收至压缩机缓冲罐。当压缩机停机后，机内气体需及时泄压放掉以待第二次启动。由于泄压的天然气气量大、压力高，因此需将泄放的天然气回收在用。

压缩机的固定应牢固可靠，避免其振动影响其他设备。日常应定时巡检时应检查机泵的声音、振动、压力、温升有无异常。经常检查机泵润滑系统，定期加注润滑油。电机、泵每 2 个月加注 1 次润滑脂，每半年化验 1 次压缩机油，不符合要求时立即更换。特殊情况下应随时安排化验检查，及时依据检查情况决定是否更换。每半年至少进行 1 次压缩机的气门组件检查。

3. 储存系统

主要设备：车载储气瓶组、地面储气瓶组、储气井

（1）车载储气瓶组（俗称：CNG 管束车）。主要是储存并运输 CNG，为 CNG 子站提供气源。

（2）地面储气瓶组。主要用于 CNG 标准站或 CNG 标准子站储存 CNG。储气瓶应符合现行国家标准《站用压缩天然气钢瓶》（GB 19158）的规定，如图 6-13 所示。

（3）地下储气井。主要用于 CNG 子站或标准站储存 CNG，如图 6-14 所示。

图 6-13　地面储气瓶组

图 6-14　储气井

储气井是利用石油钻井使用的石油套管在地下打井后，按照固井工艺将套管固定而形成的一种埋在地下深度为 80～150m 的

储气设备。CNG 储气井一般由井管、管箍和上下封头所组成。井管由公称直径 *DN*180、*DN*230 或 *DN*280 规格的石油套管构成。井管、连接管箍和管底封头在下井前，采用优质、高效能的防腐材料进行特加强级防腐绝缘处理。井管下井后，其与井底、井壁的空间应用水泥浆固定。储气井的设计、建造和检验应符合国家现行标准《高压气地下储气井》(SY/T 6535)的有关规定。储气井的建造应由具有天然气钻井资质的单位承担。

储气井的设计压力为 32MPa，最大允许充装压力为 25MPa，设计水容积为 $2m^3$、$3m^3$ 或 $4m^3$。储气井高出地面 300 ~ 500mm，以便于接管。在一个加气站内的储气井按运行压力分为高压、中压和低压储气井。储气井的进、出管上设置人工快速切断阀和防爆型电动控制阀。储气井汇管上设置压力表、超压报警器、安全阀和安全放散阀。

储气瓶(井)应分组设置，分组进行充装。在一个加气站内储气瓶(井)组应按运行压力分为高压瓶(井)组、中压瓶(井)组和低压瓶(井)组。各瓶(井)组应单独引管道至加气机，对加气汽车按各瓶(井)组的压力进行分档转换充装。对储气瓶(井)组的补气程序应从高压向低压逐组进行，对储气瓶(井)组的取气程序则相反。

4. 加气系统

主要作用：为燃气汽车充装 CNG。

主要设备：优先顺序控制盘、CNG 加气机。

(1) 优先顺序控制盘。CNG 标准站和 CNG 标准子站采用优先顺序控制盘自动控制对储气设备中的充气和取气给 CNG 加气机的全过程，最大限度的提升压缩机和储气设备的利用率。

(2) 加气机。CNG 加气机主要由机架、外壳、电源控制箱、显示器、电磁阀、质量流量计、压力变送器、拉断阀、加气枪等部件组成。它的额定工作压力为 20MPa，工作状态下的加气流量不应大于 $0.25m^3/min$，加气机的计量准确度不应低于 1.0 级，如图 6-15 所示。

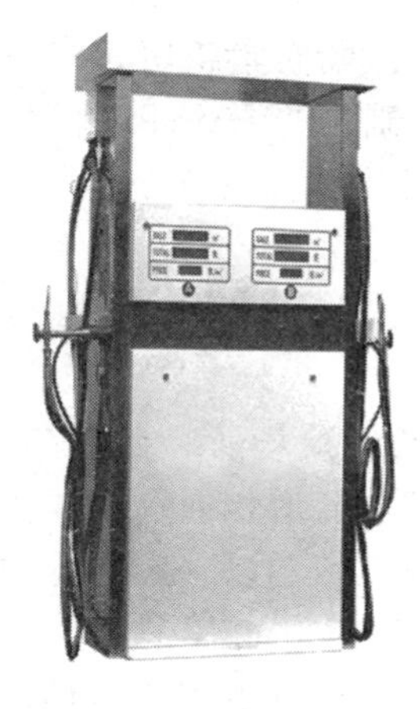

图 6-15　CNG 加气机

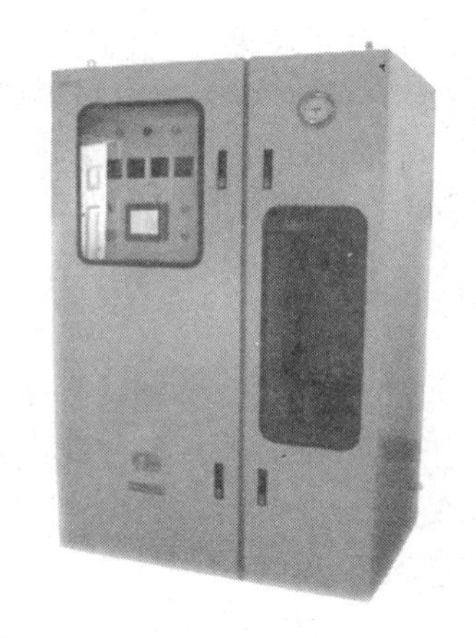

图 6-16　压缩机 PLC 控制柜

加气机应具有以下安全功能：气瓶加满后能自动停止加气，加气完毕后软管气压自动下降。如果充气管没有拔下而汽车开走时，充气软管能自动断开，不会发生天然气泄漏。如果软管破裂，系统会立即停止工作。

加气机的日常管理：应定期检查加气机各密封面，确保无泄漏。加气机的安全装置应定期进行检测，保证加气机安全运行。加气机的紧急切断、过流切断、拉断切断、安全限压、加气枪的加气嘴自封功能等安全装置保持完好有效。加气机附近应设防撞柱(栏)。

5. 控制系统

控制系统的功能：控制加气站设备的正常运转和对有关设备的运行参数进行监控，并在设备发生故障时自动报警或停机。主要包括：

（1）各检测仪表的二次仪表部分，可实时监控并显示站内设备运行状态及压力、流量、燃气浓度、水含量等参数。

（2）气进站前、压缩前后、计量前后、高压储气区压力指示及报警，采用压力变送器，由监控系统进行指示和报警，同时设计机械压力表就地指示各点压力。

(3) 气供压缩工艺前采用气动遥控截断阀紧急切断控制。

(4) 压缩机系统的控制采用PLC控制，如图6-16所示。

(5) 站内设可燃气体检测报警控制系统。

第二节 加气站风险识别与控制

加气站是一个易燃、易爆、有毒的危险场所。在生产区内，分布于各处的工艺装置彼此由各种阀门与管道相通，构成了一个相互关联、相互制约的生产体系。天燃气长期以一定的压力存在于工艺装置和管路中，很容易从老化和松弛的各密封点渗漏出来。同时在加气过程中，残存在管内的天燃气不可避免地也要逸出。不仅操作人员直接置身于这种环境中操作，维修人员也常常在此环境中对各设备管道进行维护修理作业，如果在任何一个工作面上，违反某项安全制度，就极有可能出现燃烧、爆炸事故，甚至造成站毁人亡的恶果。

一、风险识别

天然气加气站存在的主要危险危害因素有：火灾、爆燃、窒息中毒、机械伤害、电气伤害、意外伤害等。其中爆燃的危害性最大，且是主要危害，造成的损失也最大。

1. 火灾和爆炸

天然气是一种易燃易爆混合性气体，与空气混合能形成爆炸性混合物，天然气本身具有闪点低、易扩散、受热后迅速汽化，强热时剧烈汽化而喷发远射、燃烧值大、燃烧温度高、爆炸范围较宽且爆炸下限低等特点。天然气在空气中浓度达到爆炸极限时，遇到热源和明火有爆炸的危险，与五氧化溴、氯气、次氯酸、三氟化氮、液氧、二氟化氧及其他强氧化剂接触反应剧烈，火灾危险性为甲级。

一旦发生天然气火灾事故，除直接破坏财产引起人员伤亡外，还会发生爆炸、建筑物与设备塌崩飞散和引起火情进一步扩大等灾害，造成更加严重的后果。根据我国对可燃性液体火灾危险等级的划分，天然气属一级易燃易爆危险品，是最高危险等级，其危险性主要表现在以下几个方面：

（1）易燃烧和爆炸

天然气的燃点一般在550℃以上，而汽油为427℃。这说明天然气不像汽油那样容易被点燃。其次天然气在空气中的爆炸极限是5%~15%，液化气是2%~10%，而汽油是1%~7%。即大气中有1%的汽油浓度就很容易发生着火爆炸。天然气要比汽油、液化气好的多，因为它要积累到5%才到达它的燃烧下限。更重要的是天然气比空气轻，其密度只是空气的55%，稍有泄漏，很容易向大气中扩散，不至于达到低燃烧界限。使用时还要在天然气里放加臭剂以提高对天然气泄漏的及早发现，从而采取预防措施。最重要的是，天然气在空气中的比例即使达到爆炸极限，没有火源也不会发生爆炸。所以在存放天然气的地方必须严禁烟火。

（2）火势猛，灾害损失大

天然气的爆炸速度与汽油的爆炸速度相当，当发生火情，会形成长距离大范围的火灾，灾害异常猛烈。天然气低热值在8500~10000kcal/Nm^3(1cal=4.18J)之间，由于其燃烧热值大，四周的其他的可燃物质也极易被引燃。不少的火灾案例中，都有建筑物被烧塌，混凝土被烧熔的情况。如此猛烈的火势，给扑救人员的作业和装备的使用，也造成一定的困难。

（3）易挥发，且事故具有隐蔽性

天然气在常温常压下极易挥发，压缩天然气泄漏出来后能迅速挥发扩大成250L以上的气体。由于天然气的密度比空气小，泄漏后很容易扩散到空气中，所以，遇到明火泄漏出来的天然气会被点燃而引起燃烧爆炸，使事故的隐蔽性增大，极大地增加了火灾的危险性。

（4）极限浓度低，继生灾害严重

天然气与空气混合，含量达到5%时，能形成爆炸性混合物，使具有爆炸危险的范围大大扩大，一遇到明火，除产生爆炸外，极易导致周围储罐或罐车因受高温的烘烤而引发物理爆炸，大量的压缩天然气从爆炸破裂的容器中喷到四周较远地域，继而气化着火，使大火延伸到周围远处的建筑物，从而引发恶性火灾事故，造成更加严重的灾情。

火灾、爆炸危险发生必须同时满足以下 3 个条件：①天然气大量泄漏；②天然气泄漏后没有得到有效控制，天然气迅速扩散蔓延渐渐积聚浓度达到爆炸极限；③天然气遇热源或明火。

在加气站设计、施工、设备选型过程中充分考虑风险因素，加强站内日常管理，天然气大量泄漏的可能性很小；另一方面，天然气一旦泄漏，只要发现及时，采取正确的应急措施加以控制，限制住天然气浓度达到爆炸极限，爆炸、火灾便能得到有效控制。

2. 高压运行危险性

压缩天然气加气站技术要求充装站的压缩机必须加压至 25MPa 以上，才能将天然气压缩到钢瓶内，这是目前国内可燃气体的最高压力贮存容器。若钢瓶质量或加压设备不能满足基本的技术要求，稍有疏忽，便可发生爆炸或火灾事故。1995 年 10 月 7 日，四川省某压缩天然气加气站因钢瓶质量问题发生喷射燃烧，火焰柱高达 20 余米，造成直接经济损失 18 万余元。

系统高压运行容易发生超压，系统压力超过了其能够承受的许用压力，最终超过设备及配件的强度极限而爆炸或局部炸裂。

3. 天然气质量不符合带来危险

在天然气中的游离水未脱净的情况下，积水中的硫化氢容易引起钢瓶腐蚀。从理论上讲，硫化氢的水溶液在高压状态下对钢瓶或容器的腐蚀，比在 4MPa 以下的管网中进行得更快、更容易。从以往事故被炸裂钢瓶的检查情况看，瓶内积存伴有刺鼻气味的黑水，其中积水里的硫化氢含量超过了 8.083mg/L。1995 年 8 月 12 日，四川某天然气公司压缩天然气加气站，因脱水工序处理不净，在给钢瓶充气时而发生爆炸并发生成灾。

4. 点火源风险

汽车加气站绝大多数建立在车辆来往频繁的交通干道之侧，

周围环境较复杂，受外部点火源的威胁较大，如邻近建筑烟囱的飞火，邻近建筑的火灾，频繁出入的车辆，人为带入的烟火、打火机火焰、手机电磁火花、穿钉鞋摩擦、撞击火花、化纤服装穿脱产生的静电火花，燃放鞭炮的散落火星，雷击等，均可成为加气站火灾的点火源。

操作中也存在多种点火源，加气站设备控制系统是对站内各种设备实施手动或自动控制的系统，潜在着电气火花；售气系统工作时，天然气在管道中高速流动，易产生静电火源；操作中使用工具不当，或因不慎造成的摩擦、撞击火花等。

5. 自然条件的危害

（1）地质灾害

岩土工程勘察深度范围内未揭露地下水，可不考虑地下水影响；场地土对混凝土结构及钢筋混凝土结构中的钢筋均不具腐蚀性，对钢结构具有强腐蚀性。

（2）气象影响

恶劣天气时，如大风、雷雨天，沙尘暴日，对生产的安全运行会产生一定的影响。如：暴雨夹带大风损坏房屋顶和其他悬挂物，导致坠落，带来人身安全问题；大雪天气如果加气场地结冰，往往造成车辆在进出站时出现撞加气机的事故等。

（3）雷击

设备有露天设置，如建（构）筑物、设备等防雷接地系统不符合要求或损坏，雷雨天可能由雷电引发火灾爆炸；如果拖车上储气瓶、道始末端和分支处等防雷接地不符合要求，供电系统、信息系统等的防雷措施不符合要求，雷击可能对加气站的工艺设施、电气线路等造成破坏。

（4）地震

如果建构筑物的抗震设防烈度不够，会出现地基不均匀沉降，可能引发储气井、压缩机事故。

二、风险分析

天然气虽然属于易燃易爆性气体，但天然气的燃点较高，密度小易于空气易扩散，通常轻微的泄漏不会造成火灾、爆炸事故，在天然气的浓度达到爆炸极限时，才会遇火发生爆炸。事故的成因是多方面的，其主要原因分为人为、设备、原料、环境和管理以及运输等几方面原因，现将各事故成因详细分述如下：

1. 人为原因

造成事故的人为原因主要包括设计缺陷、设备选型或安装不当以及站内工作人员安全意识差、违规操作和工作警惕性不高、忽视报警系统警报或是警报系统故障等。

2. 设备原因

设备因素从施工到加气站的日常运营是多方面的：

（1）设备设计、选型、安装错误，不符合防火防爆要求；

（2）压力管道容器未按正确设计制造、施工，存有缺陷隐患；

（3）设备失修、维护不当，超负荷运行或带病运行；

（4）管线、加气机等接地不符合规定要求；

（5）电气设备不符合防爆要求；

（6）安全附件、报警装置、配备不当或失灵。

3. 原料的原因

主要是天然气自身静电或气质有问题，存在事故隐患。

4. 环境因素

（1）自然环境异常现象。雷电、地震、洪水、滑坡和土壤腐蚀等。地震发生后因地面震动、断层区土壤破坏及错动、震动及地面断裂等可能会造成站场处理设备、管道的破坏，导致事故发生。根据土壤理化性质对金属的腐蚀性可知，沼泽地、盐渍地，湿地为强腐蚀环境，其余为中度或弱腐蚀区。腐蚀会使管线壁厚减小甚至穿孔，容易引起爆裂。其他自然因素如雷电、洪水、滑坡等也可能诱发风险事故。

（2）不良工作环境。不适宜的温度、适度、振动等。

（3）与周围环境相关建筑不符合防火要求。

5. 管理因素

一般是对职工培训工作不到位，安全防范教育不足，以及日常工作管理不严，指挥失职、错误等。

6. 运输因素

（1）不具备承运危险品资格的车辆擅自承接业务。这些车辆的状况和人员素质及管理制度，都不能适应危化品运输安全的要求。

（2）不按规定办理危化品运输手续，车辆驾驶人员和押运员失职或擅离工作岗位，导致事故的发生。

（3）虽然是由危化品从业单位的车辆承运，但是驾驶人员缺乏专业知识，货物混装，随便载人。

（4）野蛮装卸，违章操作，都会引起事故。

（5）运输车辆不符合要求。车辆或是发生故障，或是槽罐破损，造成危险品泄漏而引起事故。

（6）有的司机载运危化品时开“英雄车”，结果造成撞车而引起事故。

（7）由于道路问题以及危化品本身的不稳定性，导致意外事故发生。

三、事故影响分析

爆燃即燃烧、爆炸，是天然气加气站最严重的事故。天然气泄漏是造成加气站爆炸燃烧的主要原因。天然气事故泄漏可能产生的影响：

（1）天然气事故泄漏，当空气中的甲烷达25%～30%时，将造成人体不适感，甚至是窒息死亡。

（2）当天然气的浓度到达爆炸极限时，遇热源、明火就会发生爆炸，喷射火焰的热辐射会导致人员烧伤或死亡。火灾、爆炸导致建筑物、设备的崩塌、飞散会引起进一步的扩大火灾，火势蔓延极快，火势较难控制，造成的后果较为严重。

（3）天然气泄漏释放后直接被点燃，产生喷射火焰。喷射火焰的热辐射会导致接受体烧伤或死亡，以热辐射强度12. 5kW/m^2

为标准来计算其影响，在该辐射强度下，10s 会使人体产生一度烧伤，1min 内会有 1%的死亡率。若人正常奔跑速度按 100m/20s 计，则 1min 内可以逃离现场 300m 远。如果天然气没有被直接点燃，则释放的天然气会形成爆炸烟云，这种烟云点燃后，会产生一种敞口的爆炸蒸汽烟云，或者形成闪烁火焰。在闪烁火焰范围内的人群会被烧死或造成严重伤害。当产生敞口的爆炸蒸汽烟云时，其冲击波可使烟云以外的人受到伤害。

事故的发生最直接的影响是造成人员伤亡、财产损失，此外对区域环境也会造成较为严重的影响。天然气事故泄漏，烃类气体将直接进入大气环境，造成大气环境的污染。一旦发生爆炸、火灾，爆炸、燃烧过程中有毒有害气体和燃烧烟尘、颗粒物对区域的大气环境会造成不利影响，导致区域环境空气质量下降，且短时间内不易恢复。事故的发生同时也会毁坏区域的地表人工植被，污染土壤，对生态环境造成影响。除大气和生态影响外，事故本身及事故后加气站毁坏状态将明显破坏区域的环境景观。

四、天然气加气站环境风险控制措施

1. 安全保护

为了有效地防范天然气火灾和爆炸事故的发生，加气站应制定事故应急手册，涵盖天然气火灾和消除火灾的措施及消防器材的使用等内容。《汽车加油加气站设计与施工规范》中的对加气站安全保护要求：

（1）在输出管线上应设置手动紧急截断阀。紧急截断阀的安装位置应便于发生事故时能及时切断气源。

（2）储气瓶组应设置安全泄压保护装置，泄压装置应具备足够的泄压能力。泄放气体应符合下列规定：

① 若泄放流量较小，如安全阀超压泄放的气体和设备泄压泄放的气体，可用管线排至安全区或通过放空管排放；

② 对泄放流量大于 $2m^3$、泄放次数平均在每小时 2~3 次以上的操作排放，应设置专用回收罐；

③ 泄放流量大于 $500m^3$ 的高压气体，如储气瓶组放气、火灾

或紧急检修设备时排出系统的气体，应通过放空管在半小时内迅速排完。

（3）加气机的加气嘴泄压排气应排向安全方向。

（4）天然气放空应符合下列要求：

① 不同压力级别系统的放空宜分别设置，各放空管进入总管时应能同时安全放气；

② 安全阀泄放的少量可燃气体可排入大气，泄放管宜垂直向上。管口高出设备平台不应小于 2m，且应高出所在地面 5m；

③ 放空管应设置在室外并远离作业区，其高度应比附近建、构筑物高出 2m 以上，且总高度不应小于 10m。

（5）在远离作业区的天然气进站管道上应设紧急手动截断阀，一旦发生火灾或其他事故，自控系统失灵时，操作人员可靠近并关闭截断阀，切断气源，防止事故扩大。手动紧急截断阀的位置应便于发生事故时能及时切断气源。

（6）加气机应设安全限压装置；加气机的进气管道上宜设置防撞事故自动切断阀；加气机的加气软管上应设拉断阀，拉断阀在外力作用下分开后，两端应自行密封，当加气软管内的天然气工作压力为 20MPa 时，拉断阀的分离拉力范围宜为 400～600N。加气机附近应设防撞柱（栏），防止进站汽车失控撞上加气机。

2. 加强明火管理，严防火种进入

一般物质火灾，蔓延和扩展的速度较慢，在发生初期，范围较小，扑灭较为容易。天然气火灾，蔓延和扩展的速度极快，其火焰速度达 2000m/s 以上，且难以扑灭，特别是爆炸事故，如一旦发生，将立即造成重大灾害。对加气站来说，不论是火灾还是爆炸，主要是采取预防措施，加强明火管理，严防火种是加气站安全管理的一项首要措施，具体应做好以下几点：

（1）应在醒目位置设立“严禁烟火”、“禁火区”等警戒标语和标牌。禁止任何人携带火种（如打火机、火柴、烟头等）和易产生碰撞火花的钉鞋器具等进入站内。操作和维修设备时，应采用不发火的工具。

（2）生产区内，不准无阻火器车辆行驶，要严格限制外单位车辆进入生产区。进入站内的汽车车速不得超过 5km/h。禁止拖拉机、电瓶车和畜力车等进入站内。

3. 站内动火审批

加气站的扩建、改造和维修中，不可避免地要使用电气焊或其他维修火焰。由于原工艺装置存有天然气，动火点又与工艺系统有着一定的联系，故必须认真落实好各项动火安全措施，气体经取样分析合格，并经站内负责人批准。

（1）对动火部位的隔绝和清除：

① 首先要详细检查动火位置周围的各阀门、法兰等密封点是否泄漏，清除动火点周围环境处的易燃物质，并采取有效措施，将与动火位置或设备相关的工艺管路和周围环境完全隔绝。

② 对机电传动设备的隔绝。电源应拉下电闸并挂牌禁止启动，也可将电闸加锁、拆除熔断器，并派专人监守。

③ 动火现场易燃物质的清除范围应为动火点周围 10m 以内，对阴沟、凹坑也应仔细清洗并隔绝。

（2）对动火设备或管道进行清洗、置换清洗、置换时将需动火的容器或管道内的天然气泄净后，用惰性气体（如氮气、二氧化碳、水蒸气等）充灌于内，将原有残留的危险性物质驱赶排出，然后用蒸汽经一定时间的吹扫。

① 动火分析。按时对动火地点、设备、管道和环境作动火分析，测定天然气浓度是否在爆炸范围内，以做出是否动火的正确判断。

② 消防措施。动火现场要配备足够的消防措施，并设专人监护。一旦发现现场着火，或危及安全动火的异常情况时，应立即制止动火，并及时用灭火器扑救。

③ 没有批准的动火证，任何情况下严禁动火。

4. 搞好事故抢险演练，及时堵住泄漏点

（1）一般工艺管道破裂和阀门密封部位泄漏事故的应急方案。工艺管线由于使用年限长和介质的腐蚀，或系统内因残余水分的存在，易在管线的最低与最末端部位受热胀冷缩或结冰而产生裂缝，阀门冻裂或密封部位老化，都会造成天然气泄漏。发现泄漏，应立即采取以下应急措施。

① 迅速查明泄漏点，立即关闭泄漏点两端管线上的阀门和与该管线相接的每个储罐的阀门，把气源切断。

② 杜绝附近一切火源，禁止一切车辆在附近行驶。

（2）抢险抢修工作的要求。事故防范方案的制定与演练，要与实际相结合。以消除事故为目的。在观察和排除事故隐患的日常工作中，要掌握以下几点：

① 对槽车储罐、设备、管道及各类附件，即任何部位的泄漏，即使是微小的漏损也不能放过，都应采取措施，加以排除。

② 要经常注意观察和分析常见故障部位及处理后的情况，检查是否还有漏液、漏气的现象及隐患。

③ 根据气温变化、设备运行状况，来调整各项作业方案和设备运行参数，并采取防冻或降温措施，防止异常情况发生。

④ 定期对天然气泄漏测量、报警装置进行检查和保养，使其保持在完好状态。

5. 泄漏应急处理

迅速撤离泄漏污染区人员至上风处，并对污染区进行隔离，严格限制出入。切断火源。建议应急处理人员带自给正压式呼吸器，穿消防防护服。尽可能切断泄漏源。合理通风，加速扩散。喷雾状水稀释、溶解。构筑围提或挖坑收容产生的大量废水。如有可能，将漏出的气用排风机送至空旷地方或装设适当喷头烧掉。也可以将漏气的容器移至空旷处，注意通风。漏气的容器要妥善处理，修复、检验后再用。

6. 设置可燃气体检测报警装置

为了能及时检测到可燃气体非正常超量泄漏，以便工作人员尽快进行泄漏处理，防止或消除爆炸事故隐患，加气站应设置可燃气体检测报警系统。压缩天然气储气瓶间（棚）、天然气泵和压缩机房（棚）等场所应设置可燃气体检测器。报警器宜集中设置在控制室或值班室内，操作人员能及时得到报警。可燃气体检测器和报警器的选用和安装，应符合国家标准(GB 50493)《石油化工企业可燃气体和有毒气体检测报警设计规范》的有关规定。可燃气体检测器报警(高限)设定值应小于或等于可燃气体爆炸下限浓度值的25%。

7. 控制天然气质量，符合标准

进站天然气的质量应符合现行国家标准《天然气》(GB 17820)中规定的Ⅱ类气质标准和压缩机运行要求的有关规定。增压后进入储气装置及出站的压缩天然气的质量必须符合现行国家标准《车用压缩天然气》(GB 18047)的规定。若进入加气站的天然气硫化氢含量大于20mg/m^{3}时，站内应设置脱硫装置，脱硫塔设在压缩机前可保护压缩机组，选用双塔轮换使用，有利于装置运行和维护。当进站天然气需脱水处理时，脱水可在天然气增压前、增压中或增压后进行，脱水装置设双塔。

8. 材质符合要求

增压前的天然气管道应选用无缝钢管，并应符合现行国家标准《输送流体用无缝钢管》(GB 8163)的有关规定。增压后的天然气管道应选用高压无缝钢管，并应符合现行国家标准《高压锅炉用无缝钢管》(GB 5310)或《不锈钢无缝钢管》(GB/T 14976)的有关规定。对严寒地区的室外架空管道选材还要考虑环境温度的影响。由于天然气内含有硫化氢、二氧化碳、残存凝析油等腐蚀性介质，加气站内与压缩天然气接触的所有设备、管道、管件、阀门、法兰、垫片等的材质应具备抗腐蚀、耐老化等能力。

加气站内的所有设备、阀门、管道、管件的设计压力应比最大工作压力高10%，且在任何情况下不应低于安全阀的起始工作压力。埋地管道防腐设计应符合国家现行标准(钢质管道及储罐腐蚀控制工程设计规范》(SY 0007)的有关规定，并应采用最高级别防腐绝缘保护层。

9. 环境风险控制措施

由以往报道的各类事故案件可知由生产操作、管理失误导致的火灾和爆炸事故居多，且多属重大典型事故，发生事故时不仅造成经济损失和人员伤亡，还会在瞬间排放大量有毒物质、噪声等污染环境。为此，应重点考虑以下风险防范措施：

（1）在总图设计布置上，应将危险性较大的设施与其他设施保持足够距离，并遵守防火设计规范及安评中的要求。

（2）设置消防设备和火灾防护系统。

（3）提高自动化水平，保证生产装置在优化和安全状态下进行操作，在可能产生泄漏的地方设置固定或携带式可燃气体检测器和报警系统。

（4）按不同性质分别建立事故预防系统、监测和检验系统以及公共报警系统。

（5）强调管理工作对预防事故的重要作用，平面布置设计、工艺设计和工艺参数检测等必须纳入预防事故工作中。

（6）从技术、工艺和管理三个方面入手，采取综合措施，预防意外泄漏事故。

（7）提高操作管理水平，严防操作事故发生，尤其是在开停车时，应严格遵守操作规程，避免事故发生。

（8）场站内严禁明火，用火必须办理用火证，并采取严密的安全防护措施。

（9）对有较大危险因素的重点部位进行必要的安全监督。

10. 运输风险防范措施

要想确保危化品道路运输安全，从管理部门来说，一方面要从宣传教育入手，增强货物单位运输部门的从业人员和装卸工人的安全意识，特别是要经常组织驾驶、押运、装卸人员学习交通运输和装卸的安全常识，对发生的各种危化品运输、装卸事故，要认真分析原因，剖析典型案例，并教育大家从中吸取教训，积极研究预防对策，减少运输、装卸中各种违章行为，防止和避免事故的发生。另一方面，货物单位、承运单位和车辆驾驶、押运、装卸人员，要充分认识危化品运输装卸的危险性，明确安全工作的重要性，增强法制观点，积极主动地申请办理危化品运输的合法手续，加强防范措施，保证安全。

运输车要远离火种、热源。防止阳光直射。应与氧气、压缩空气卤素（氟、氯、溴）等分开存放。切忌混储混运。配备相应品种和数量的消防器材。露天储罐夏季要有降温措施。禁止使用易产生火花的机械设备和工具。验收时要注意品名，注意验瓶日期，先进仓的先发用。搬运时轻装轻卸，防止钢瓶及附件破损。

针对有可能发生的环境风险，建设单位严格按照交通部颁发的《危险品运输管理规范》，认真做好运输、储存及使用中的管理工作，运输车辆必须使用专用运输车，使用专业的驾驶人员，在车体明显位置设置醒目的警告标牌；运输途中注意交通安全，选择最优、最安全的运输线路；操作工人要具备有关危险品的基础知识，严格遵守操作规程，严禁火源等，尽可能地避免环境风险事故的发生。一旦发生泄漏，应立即采取封闭、隔离等措施。

（1）疏散现场人员，采取补救措施使泄漏液化石油气达到最小程度。

（2）立即通知当地环保执法人员赶赴现场指导工作。

（3）对已遭受污染的地域应迅速圈定范围，保护现场并通知环保部门。

（4）严禁烟火。

（5）急救措施。操作时通风应良好，中毒后迅速离开现场，半卧式休息，吸入新鲜空气，尽快送医院。

11. 其他防范措施及要求

（1）严禁非操作工作人员进入生产现场从事操作活动；

（2）安全装置配备不齐全或失灵的设备及系统不准启动；

（3）生产区内不准堆放自燃性物质和与操作无关的其他物品，也不宜种植庄稼和大量树木。

（4）操作、维护人员应了解紧急情况处理程序和紧急救援电话，应知道灭火器的位置并能正确熟练使用。应知道相关设备的紧急切断按钮或开关的位置并能熟练操作。必须通过所有设备安全操作方面的培训，被授权并佩戴岗位资格证，按照相应的操作和安全规程进行操作。

（5）在加气站严禁吸烟、明火和非防爆灯具。由于压缩机设备在运行过程中会发热，应保证没有与压缩机管线和其他部件接触的杂物，更不要在压缩设备附件储存易燃易爆等杂物。

（6）电气安装及防护必须符合我国相关规范及有关地方法规的要求；不要调整、拆除设旁路通过的任何安全保护装置；运行设备前应检查旋转机械部件的外壳防护设施已安装到位，否则不要运行设备。

12. 突发环境风险事故应急对策和方案

除做好事故防范措施外，加气站对制定的事故应急预案必须严格执行，以保证事故发生情况下，伤亡、损失能够降到最低。应急预案应包括以下几个方面及相应程序：

（1）总则。阐明风险的危害、制订本方案的意义和作用。

（2）危险源概况。详叙危险源类型、数量及其分布。

（3）危险区域及风险分析。主要为装卸区、储罐区的风险分析。

（4）应急组织。指挥部负责现场全面指挥。专业救援队伍负责事故控制、救援、善后处理。

（5）应急响应程序。规定事故的级别及相应的应急分类，响应程序。

（6）应急设施，设备与材料。储罐区：防火灾、爆炸事故应急设施，设备与材料，主要为消防器材等。装卸过程：防火灾、爆炸事故应急设施，设备与材料，主要为消防器材；防有毒有害物质外溢、扩散，主要是水幕、喷淋装置等。

（7）应急通讯、通知和交通。规定应急状态下的通讯方式，通知方式和交通保障，管制。

（8）应急环境监测及事故后果评估。由专业队伍对事故现场进行侦察监测，对事故性质、参数与后果进行评估，为指挥部门提供决策依据。

（9）应急防护措施：清除泄漏措施、方法和器材。事故现场：控制事故、防止扩大、蔓延及链锁反应，消除现场泄漏，降低危害。相应的设施器材配备邻近区域：控制污染邻区的措施。

（10）应急控制、撤离计划、医疗救护与公众健康。事故现场：事故处理人员对毒物的应急剂量控制；制定、现场及邻近装置人员撤离计划，受事故影响的邻近区域人员及公众撤离计划及救护。

（11）应急终止与恢复措施。规定应急状态终止程序；事故现场善后处理、恢复措施；邻近区域解除事故警戒及善后恢复措施。

（12）人员培训与演练。应急计划制定后，平时安排人员培训与演习。

（13）公众教育和信息。对油库邻近地区开展公众教育，培训和发布有关信息。

（14）记录和报告。设置应急事故专门记录，建档案和专门报告制度，设专门部门负责管理。

（15）附件。与应急事故有关的各种附件材料的准备和形成。

第三节　CNG 加气站安全操作规程

一、电气安全操作规程

（1）熟悉安全操作规程，熟悉供电系统和配电室各种设备的性能和操作方法，并具备在异常情况下采取措施的能力。

（2）各配电盘及刀闸、控制柜、开关、按钮功能要标示功能标识，仪表间、配电盘及重要电器设备设立标示标志。电器设备外壳必须进行可靠接地。

（3）在现场维修时必须有两人以上，不允许单人操作。雷雨天气需要巡视室外高压设备时，应穿绝缘鞋，并不得靠近雷器与避雷针。

（4）与供电单位或用户（调度员）联系，进行停、送电倒闸操作时，值班人必须复核对无误，并将联系内容和联系人姓名作好记录。

（5）高压设备和大容量低压总盘上的倒闸操作，必须有两个人执行，并由对设备更为熟悉的一人担任监护人。

（6）拉合高压刀和油开关，都应戴绝缘手套、穿绝缘靴，雷电时禁止进行倒闸操作。

（7）带电装卸熔断器时，应戴防护眼镜和绝缘手套，必要时应使用绝缘夹钳，并站在绝缘垫上。

（8）停电时必须切断各回线可能来电的电源，电气设备停电后，在未拉刀闸和做好安全措施以前应视有电，不得触及设备，以防突然来电。

（9）施工和检修要停电时，值班人员按照要求做好安全措施，悬挂标示牌，会同安全员现场检查确认无电，并交待附近带电设备位置和注意事项，方可开始工作。

（10）工作结束时，工作人员撤离，工作负责人向值班人交待清楚，并共同检查，然后双方办理工作终结签证后，值班人员方可拆除安全措施，恢复送电。在未办理工作终结手续前，值班人员不准将施工设备合闸送电。

（11）任何电气设备未经验电，一律视为有电，不准用手触及。验电时必须用电压等级相符并且合格的验电器，在检修设备时分别验电，验电前应先在有电设备上实验证明验电器良好，高压设备验电必须戴绝缘手套。

（12）当验明设备确无电压后，应立即将检修设备导体接地并互相短路，对可能送电设备的各方面或可能产生感应电压的部分都要装设接地线。接地线应用多股裸软铜线，截面不得小于 $25mm^2$。接地线必须使用专用的线夹固定在导体上，拆除时的顺序与此相反。装拆接地线都应使用绝缘手套。装拆工作必须由两人进行。不许检修人员自行装拆和变动接地线，接地线应编号并放在固定地点，装拆接地线应作好记录，并在交接时交待清楚。

在电容器回路上工作时必须将电容器逐个放电。放电后接地。

（13）低压回路停电检修时应断开电源，在一经合闸即可送电到工作地点开关和刀闸操作把手上都要悬挂“禁止合闸，有人工作”的标示牌。工作地点两旁和禁止通行的过道上悬挂“止步、高压危险”标示牌。

（14）在带电设备附近工作时，必须设专人监护。带电设备只能在工作人员的前面或一侧，否则应停电进行。

二、压力容器安全操作规程

（1）压力容器操作人员需身体健康，无妨碍本岗位操作的疾病和生理缺陷。

（2）压力容器操作人员应取得压力容器安全监察机构颁发的《特种作业人员证》（压力容器操作）后，方能独立承担压力容器操作。

（3）压力容器操作人员认真履行以下职责：①严格执行各项规章制度，遵守劳动纪律，严格按照操作规程精心操作，认真填写操作运行记录，确保安全运行；②发现压力容器有异常现象危及安全时，应采取紧急措施并及时报告；③对任何有害压力容器的违章指挥，拒绝执行；④努力学习业务知识，熟悉本岗位的工艺流程、有关容器的结构、类别、主要技术参数和技术性能，掌握处理一般事故的处理方法。

（4）操作人员在操作前应做好以下准备工作：①操作人员在上岗操作前，必须按规定着装，带齐操作工具，特别是有些专用的操作工具应随身携带；②操作人员在上岗操作前，必须按规定认真检查压力容器及工艺流程中的进出口管线、阀门、安全阀、压力表、温度计、液位计等各种设备及仪表附件的完善情况；③操作人员在确认压力容器及设备能投入正常运行后，才能进行开工启动系统投入。

（5）备用设备必须经过检查以保证其处于良好的状态，准备能随时启用。

（6）压力容器要平稳操作，开启或关闭阀门时必须平稳缓慢，压力容器开始加载时，速度不宜过快，要防止压力突然上升。尽量避免操作中压力的频繁和大幅度波动。球阀不宜长时间处于半开状态工作。

（7）压力容器严禁超温、超压、超负荷运行。在运行中，压力容器操作人员必须加强巡回检查。

（8）做好对压力容器维护保养。维护保养的对象不仅包括压力容器本体，也应包括各种附属装置、仪器仪表，以及支座基础、连接的管道阀门等。操作人员应做到以下保养要求：

① 经常保持容器和附件外部的干燥和洁净，系统停用期间，清除容器内部的污垢的腐蚀产物，修补好防腐蚀层被破坏的地方。

② 压力容器外壁涂刷防腐防锈漆，防止大气的腐蚀，尤其要注意保温层和支座处的防腐等。

③ 要使安全泄压装置经常处于完好状态，保持准确可靠，灵敏好用。

④ 压力表、温度计等应保持洁净，表盘上的玻璃必须明亮清晰，对表上的数值有怀疑时，应及时用标准表进行校核，不准确时及时更换。

（9）严禁带压拆卸紧固螺栓。随时检查压紧螺栓是否齐全或是否松动、脱落。

（10）安全附件超过规定使用期限的必须及时送检或更换。

（11）到期没有经过周期检定的压力容器禁止投入运行。

三、高压地下储气井操作规程

（1）储气井工作压力 25MPa，严禁超压运行。

（2）表阀为常开阀，排污阀为常关阀。进出气管球阀靠近井的近端的一只为常开阀，一般情况下不宜操作此阀，只有在另一只阀处于维修状态或不能按需要切断进出气源时才能使用。平时只能使用靠近储气井远端的球阀。

（3）开启压缩机前必须检查储气井进气阀门，必须处于开启状态。

（4）储气井一般情况下每年排污 1～2 次。操作人员不得随意打开排污进行排污，必须按照技术负责人的安排进行。

(5) 排污应尽量在储气井压力较低(<10MPa)进行，排污阀必须逐渐缓慢开启，不宜开得过快过大。排污过程中操作人员不允许离开现场。

(6) 储气井每天进行一次常规检漏，发现有泄漏现象立即采取相应措施予以处理，并报告技术负责人，同时作好记录。三个月检查一次井口支架是否松动。

(7) 储气井井管及上封头的裸露部分，每年进行一次防锈处理，涂刷防锈漆，外层着黄色油漆。

(8) 运行期间经常观察表阀及管接口处有无泄漏，压力表在未加气时有无压降，井管是否有上升或下降现象，如有异常，应立即报告并采取相应的安全措施，由技术负责人提出整改方案予以整改。

四、气瓶充装安全检查操作规程

(1) 充装的气瓶应由专人负责，逐只进行检查，检查内容至少应包括：

① 气瓶是否由具有气瓶制造许可证的单位生产；

② 气瓶外表的颜色是否与所装气体的规定标记相符。气瓶内有无剩余压力，如有剩余压力的应该按《永久气体气瓶充装规定》(GB 14194)及《气瓶安全监察规程》进行定性鉴别，无剩余压力的，不允许充装；

③ 气瓶外表面有无裂纹、严重腐蚀、明显变形及其他严重外部操作缺陷；

④ 气瓶是否在规定的检验期限内；

⑤ 气瓶的安全附件(压力表、瓶阀、止回阀、减压阀等)是否齐全和符合安全要求。

(2) 下列情况之一的气瓶，禁止充装：

① 气瓶是不具有气瓶制造许可证的单位生产的；

② 原始标记不符合规定，或钢印标记、颜色标记不符合规定；

③ 气瓶外表面的颜色、字样和色环，必须符合国家标准《气

瓶颜色标志》(GB 7144)的规定，不符合或严重污损、脱落难以辨认的；

④ 超过检验期限的；

⑤ 附件不全，损坏或不符合规定的。

(3) 其他标记以及瓶阀出口螺纹与所装气瓶气体的规定不相符合的气瓶，除不予充气外，还应查明原因，报告上级部门，进行处理。

(4) 无剩余压力的气瓶，充装前应将瓶阀卸下，进行内部检查。经确认内无异物，按规定处理后方可充气。

(5) 投入使用、或经内部检验后首次充气的气瓶，除压缩空气气瓶外，充气前都应置换空气。

(6) 检验期限超过规定的气瓶，外观检查发现重大缺陷或内部状况有怀疑的气瓶，应送检评定。

(7) 充装后的气瓶，应有专人负责逐只进行检查，在所充装的气瓶上粘贴符合安全技术规范及国家标准规定警示标签和充装标签，不符合要求的，应进行妥善处理，检查内容包括：

① 瓶内压力是否在规定的范围内；

② 瓶阀及其与瓶口连接的密封是否良好；

③ 气瓶充装后是否出现鼓包或泄漏等；

④ 瓶体的温度是否有异常升高现象。

(8) 充装记录。充气单位应有专人负责填写气瓶充装记录，记录内容包括：充气日期、瓶号、室温、充装压力、充装起止时间、有无发现异常情况等。充气单位负责妥善保管气瓶充装记录，保存时间不少于半年。

五、气体充装安全操作规程

1. 基本要求

(1) 加气工必须持证上岗。

(2) 加气工上岗必须穿着防静电工作服，不允许穿化纤服装及钉鞋。

(3) 严禁在站内吸烟，不允许携带任何火种。

2. 操作步骤

（1）小型车辆进站后熄火并关闭车上一切电源，待司机及车上其他人员下车，打开车的前盖及后备箱，支起引擎盖支架；大型车辆进站后熄火关闭车上一切电源，待司机下车，检查并确认车辆加气设备、管路正常后，在加气车车头方向放置挡车牌，方可准备连接加气枪加气。

（2）检查加气车辆的 CNG 设备相关检验证件。

（3）启动售气机，观察售气机是否处于正常状态后插入 IC 加气卡。

（4）加气时左手抓住加气枪，右手拔出加气阀防尘塞，把加气枪头插入加气阀中并确认；一只手握住加气枪两位三通阀体，另一只手旋开加气枪两位三通阀手柄至'通'位置，打开加气车辆充气阀后，按售气机"确认"按键开始加气(加气时能听到天然气流动的声音，说明充气正常)。

（5）当售气机工作状态面板指示加气完毕时，关闭加气车充气阀，旋开加气枪两位三通阀手柄至'断'位置，拔出加气枪头，插好防尘塞，恢复车辆进站时的状态，加气工方可示意加气车启动离开。

3. 注意事项

（1）加气枪口严禁对人，以免人员受伤。

（2）开启阀门加气时，加气员要站在阀门一侧，避免加气嘴结合不好弹出伤人。

（3）加气枪头拔出困难时，可适当用力旋转向上即可拔出，切忌向水平方向用力。

（4）加气过程中发生紧急情况的处理方法，按 CNG 加气站事故应急预案执行。

（5）对没有剩余压力的气瓶一律不得加气。

（6）对气瓶、减压阀、充气阀、高压管线等装置连接有松动、固定不可靠的车辆，一律不得加气。

（7）加气过程中对管路连接处有泄漏和严重结霜现象的车辆

应立即停止加气。

（8）严禁对有伤痕、焊接现象的气瓶加气。

（9）加气过程中，发生异常现象，应立即按售气机“停止”键停止加气，待排除故障后方可恢复加气。

六、压缩机安全操作规程

1. 一般规定

（1）操作人员必须经过煤层气安全知识及专业技能培训，并经考核合格后，方可持证上岗。

（2）操作时两名卸气工作人员必须同时在场，一人操作，一人监护，并做到手指口述。

（3）操作人员必须按规定穿戴好劳动防护用品。

2. 开机前的准备工作

（1）确认机身油池（曲轴箱）及吸油过滤器清洁后，将符合规定牌号的润滑油注入，并达到规定的油面线（油标视窗中间部位）为止。每次开机前应手动盘车，必须见到传动部件的各摩擦面上（如十字头滑道）有油流出才能停止盘车。

（2）检查压缩机各运动部件与静止件的紧固及运动部件防松止退情况。

（3）打开总进水阀门确认水压达到规定压力。

（4）开机前应单独检查电动机，观察旋转方向是否正确，并盘动飞轮数转检查运行是否灵活，确认无障碍后方可开机。

3. 开机

（1）检查吸气压力（0.15~0.3MPa），水压（>0.1MPa）。

（2）手动盘车 3~5 圈；

（3）检查曲轴箱油位是否在两刻度之间。

（4）启动辅机，关闭放空阀。

（5）观察润滑油油压，油压≥0.15MPa 并且稳定，按主机“启动”按钮。

（6）缓慢打开总进气阀，依次关闭一级油水分离器吹洗阀、二级油水分离器吹洗阀、三级油水分离器吹洗阀、四级油水分离器吹洗阀、前置过滤器吹洗阀、高效除油过滤器吹洗阀，打开总排污阀。

（7）观察各级压力是否在正常范围内。

（8）检查各管线接头、阀门、法兰连接处是否漏气，管线是否松动。

（9）做好记录。

4. 压缩机的运行

（1）启动完成后，压缩机即可投入正常运行和升压，其润滑油压、冷却水压、进气压力、各级排气压力等参数信号进入 PLC 控制装置，如有异常将会自动报警直至紧急停机，再开机时，紧急停止开关必须先复位。

（2）在压缩机运行中，操作人员应巡查运行情况，检查阀门，管路接头等有无泄漏，并做好记录。

5. 压缩机关机

（1）依次打开高效除油过滤器吹洗阀、前置过滤器吹洗阀、四级油水分离器吹洗阀。

（2）当四级排气压力降至 10~15MPa 后，依次打开三级、二级和一级的油水分离器吹洗阀，关闭总进气阀，观察仪表柜各级压力。

（3）当系统各级压力趋于平衡时，按下停机按钮，关闭总排污阀，打开放空阀。

（4）做好记录。

6. 压缩机紧急停机

（1）关闭总进气阀。

（2）依次打开高效除油过滤器吹洗阀、前置过滤器吹洗阀、四级油水分离器吹洗阀。

（3）当四级排气压力降至 10~15MPa 后，依次打开三级、二级和一级的油水分离器吹洗阀，观察仪表柜各级压力。

（4）当系统各级压力趋于平衡时，按下停机按钮，关闭总排污阀，打开放空阀。

（5）做好记录。

7. 压缩机巡检内容

（1）压缩机关机必须两人进行，一人监护，一人操作。

（2）观察各连接法兰部分、轴封、进、排气阀、汽缸盖和管路等，不得漏气、漏油。

（3）观察安全阀有无异常现象。

（4）观察压缩机、电控柜各级排气温度是否符合规定要求。

（5）经常检查排污装置，并观察排污阀有无堵塞现象。

（6）润滑油压力应在0.15~0.4MPa范围内；正常运行之时，油压不得有明显下降的迹象，如有异常，应查明原因并及时处理。

（7）观察注油器是否滴油，并保证油箱油位在正常范围内。

（8）巡检时间：冬季1次/30min，其他1次/40min，并做好记录。

8. 压缩机排污

（1）压缩机排污必须两人同时进行，一人监护，一人操作。

（2）压缩机排污时间：冬季1次/30min，其他1次/40min。

（3）排污顺序：高效除油过滤器吹洗阀、前置过滤器吹洗阀、四级油水分离器吹洗阀，三级油水分离器吹洗阀、二级油水分离器吹洗阀，一级的油水分离器吹洗阀。

（4）排污时各级压力表数值应下降，并伴有气体流动声音。

（5）做好记录。

七、调压计量撬操作规程

1. 一般规定

（1）操作人员必须经过煤层气安全知识及专业技能培训，并经考核合格后，方可持证上岗。

（2）操作时两名卸气工作人员必须同时在场，一人操作，一人监护，并做到手指口述。

（3）操作人员必须按规定穿戴好劳动防护用品。

2. 1路→2路倒换操作

步骤1：缓慢开启2路调压器进口前阀门；

步骤2：缓慢开启2路调压器出口阀门；

步骤3：观察压力表是否在正常范围内（调压器前0.25～4MPa，调压器后0.25MPa）；

步骤4：缓慢关闭1路调压器进口前阀门；

步骤5：缓慢关闭1路调压器出口前阀门。

3. 注意事项

操作人员能熟悉掌握所有阀门及传动装置的结构和性能，正确识别阀门的开启方向、开度标志，并在开启时应该缓慢操作。

八、前置式CNG干燥器操作规程

1. 开机前的准备工作

（1）开机前应接通控制箱内的总电源，合上控制电源[QF1]、加热器的电源[QF2]、[QF3]。

（2）检查阀门的工作状态：

——缓慢开启干燥前后的两个阀门和回收分离器上的回收阀。此3个阀门在工作时必须保证常开。

——关闭前粗、前置、除油过滤器、分离器、回收分离器上的5个排污阀；此5个阀门在工作时间必须保证常闭。

（3）观察减压器输出压力：当系统压力≥3MPa时，其输出压力为0.5MPa（正常范围是0.45～0.55MPa）。

2. 开机操作

首次开机前应接通控制箱内的总电源，合上控制电源[QF1]、加热器的电源[QF2]、[QF3]。启动压缩机，当压力逐渐上升时，观察减压器输出压力（当系统压力≥3MPa时，其输出压力为0.5MPa），否则将其输出压力调为0.5MPa。当系统压力升至10MPa时，启动干燥器。

以后每次启动干燥器时只需按一下[启动]按钮。

3. 运行中的巡查、记录

运行中每30min应进行一次巡查、记录。巡查的内容：①检查减压器的输出压力是否为0.5MPa(正常范围0.45~0.55MPa)，否则应将其调到正常范围。②检查节流阀是否结霜，再生阶段节流阀管路必须结霜。③检查、记录电控箱上温度仪表的计数是否正常。(正常范围10~280℃)否则应将其调到正常范围。

4. 排污操作

排污宜在开机前或关机后系统压力较低(≤15MPa)时进行，排污时阀门应缓慢开启，严禁在高压下猛烈排污。猛烈排污可能导致过滤器芯损坏。排污间隔时间：1次/h。(前粗过滤器、前置过滤器、除油过滤器、分离器和回收分离器均需定时排污)。

5. 关机操作

关机时只需按一下停止按钮，本干燥器即延时1min自动关机。

九、高压配电室操作规程

1. 倒闸操作工作程序

(1) 停电操作(运行—维护)。

开关柜处于带电运行中，即上下隔离开关，断路器处于合闸状态，前后门已锁好，这时小手柄处于工作位置。先将断路器分断，再将小手柄扳到“分断闭锁”位置，这时断路器不能合闸，将操作手柄插入下隔离开关的操作孔内，从上向下拉至下隔离分闸位置，将操作手柄取下，再插入上隔离操作孔内从上向下拉至上隔离分闸位置，再将操作手柄取下，插入接地开关操作孔内，从下向上推使接地开关处于合闸位置。这时可将小手柄扳至“检修”位置，先打开前门，取出后门钥匙再打开后门，停电操作完毕，检修人员可对断路器室道和电缆进行检修。

(2) 送电操作(检修—运行)。

若检修完毕需要送电，其操作顺序如下：先将后门关好锁定，钥匙取出后关前门，将小手柄从“检修”位置扳到“分断闭锁”位置，这时前门被锁定，断路器不能合闸，将操作手柄插入接地开关操作孔内，从上向下推，使接地开关处于分闸位置，将操作手柄取下，再插入到上隔离的操作孔内，从下向上推，使上隔离处于合闸位置。将操作手柄取下，插入下隔离的操作孔内，从下向上推，使下隔离处于合闸位置，取出操作手柄，将小手柄扳到“工作位置”，这时按合闸按钮合断路器，若“自动”失灵，用手动储能扳手储能，再按合闸按钮合闸。

2. 操作规定及注意事项

（1）操作人员必须具备电气操作资格，持证上岗。

（2）操作人员必须熟悉配电室系统图和开关柜上各负荷开关的走向，防止误操作。

（3）断开导线时，应先断开相线，后断开中性零线；搭接导线时，先接中性零线，再接相线。

（4）禁止同时接触两根导线，避免相间、相零触电，保证人身安全

（5）操作高压设备时，必须使用安全用具。使用操作杆、棒，带绝缘手套，穿绝缘鞋。同时注意不要正向面对操作设备。

（6）严禁带电工作，紧急情况带电作业时，必须在有监护人、有足够的工作场地和光线充足的情况下，带绝缘手套，穿绝缘鞋进行操作。

（7）自动开关自动跳闸后，必须查明原因，排除故障后再恢复供电。必要时可以试合闸一次。

（8）配电室倒闸操作时，必须两人同时进行，一人操作一人监护。

（9）电流互感器二次侧不得开路，电压互感器二次侧不得短路，不能用摇表测带电设备的绝缘电阻。

（10）应对各种电气设备设立安全标志牌，配电室门前应设“非工作人员不得入内”标志牌，处在检修中的供电设备，开关上应悬挂“禁止合闸，有人工作”标志牌，高压设备工作地点和施工设备上应悬挂“止步，高压危险”等标志牌。

（11）送电前，应先检查有无工具遗留在配电柜内。

（12）所有合分操作在断路器分断后进行。

（13）所有合分操作在操作后应该从观察孔确认执行机构是

否到位。

（14）进线柜下方前后柜门在上一级6000V供电开关柜不断开的前提下严禁打开。

（15）高压柜在合闸情况下，低压控制回路空开严禁进行分断操作。

（16）高压进线柜中的低压控制回路电源由6000V进线所带变压器直接供电，在上一级6000V供电开关柜不断开的前提下严禁检修。

十、低压配电室操作规程

1. 基本要求

（1）操作人员必须具备电气操作资格，持证上岗。

（2）严禁带电工作，紧急情况带电作业时，必须在有监护人，操作时带绝缘手套，穿绝缘鞋。

（3）配电室倒闸操作时，必须两人同时进行，一人操作一人监护。

2. 送电操作程序

（1）合母线侧隔离开关（刀开关）。

（2）合负荷侧隔离开关（刀开关）。

（3）合负荷断路器（按合闸按钮合低压断路器，若“自动”失灵，用手动储能扳手储能，再按合闸按钮合闸）。

3. 停电操作程序

与送电程序相反。

4. 低压配电柜操作规定及注意事项

（1）操作人员必须具备电气操作资格，持证上岗。

（2）操作人员必须熟悉配电室系统图和开关柜上各负荷开关的走向，防止误操作。

（3）断开导线时，应先断开相线，后断开中性零线；搭接导线时，先接中性零线，再接相线。

（4）禁止同时接触两根导线，避免相间、相零触电，保证人身安全。

（5）严禁带电工作，紧急情况带电作业时，必须在有监护人、有足够的工作场地和光线充足的情况下，带绝缘手套，穿绝缘鞋进行操作。

（6）自动开关自动跳闸后，必须查明原因，排除故障后再恢复供电。必要时可以试合闸一次。

（7）配电室倒闸操作时，必须两人同时进行，一人操作一人监护。

（8）电流互感器二次侧不得开路，电压互感器二次侧不得短路，不能用摇表测带电设备的绝缘电阻。

（9）应对各种电气设备设立安全标志牌，配电室门前应设“非工作人员不得入内”标志牌，处在检修中的供电设备，开关上应悬挂“禁止合闸，有人工作”标志牌，高压设备工作地点和施工设备上应悬挂“止步，高压危险”等标志牌。

（10）送电前，应先检查有无工具遗留在配电柜内。

十一、微量水分析仪操作规程

1. 开机前准备

（1）检查仪表是否完好，检查安装是否符合要求并及时纠正。

（2）电解池的干燥处理。由于运输或较长时间存放，使吸湿性很强的电解池探头表面可能处于潮湿状态，所以使用前必须进行干燥处理。处理方法如下：

先将所有阀置于关闭位置，然后卸掉样气输入端密封压帽，接上干燥气体（一般用干氮），打开输入阀，再打开放空阀调节，使干燥气体的放空流量和输出流量以50mL/min分别通过电解池和放空阀，带走电解池和气路管道中的水分。

一小时后，接上显示器电源，电源指示灯亮，待恒定指示灯亮时开始读数，如指示值超过2000ppm，超量程指示灯亮，应继续吹扫，直到指示值≤2000ppm。

2. 开机

（1）断开干气气路，将仪表通上样气，样气压力经现场取样管线上的减压阀调整至 0.1~0.3MPa 范围内，调节检测器气路系统中的放空阀将放空流量调节在 1000~1500mL/min 范围内。

（2）调节流量调节阀使被测气体流量稳定在 100mL/min，吹扫半小时。

（3）打开仪表电源开关，待恒温指示灯灭，就可以读数。如指示值超过 1000ppm（$1ppm=10^{-6}$），应扩大量程读数。

（4）本表设有 4~20mA 信号输出，可配接记录仪和计算机。应注意本仪表 4~20mA 输出与不同的测量量程（0~200ppm 或 0~2000ppm）相对应，可以由二次表内电路板上的小型 DIP 开关按标记进行相应的切换。

3. 停机

（1）关闭电源，先关闭仪表上的电源开关，再断开供电电源。

（2）关闭仪表输入阀，放空阀，然后切断外部气源，最后用密封螺帽将输入端、输出端和放空阀封闭，以避免空气中水分及其他杂质渗入气路中。如未知时间停机，则可通入干燥气体，以 20~50mL/min 的流量吹扫气路系统，以待下次开机。

4. 使用注意事项

（1）测量氢气和含有大量氢气的气体中的水分时，不能使用铂丝电解池，而必须使用铑丝电解池。

（2）电解池及检测器的电气部分都集中为一体，在需要检修时，必须断电后开盖。检修完后，则必须先合盖，固定牢靠再送电。绝不允许在检测器工作状态下随意打开仪表的盖子。

（3）仪表的流量计一般配为测量氢气或氮气的转子流量计，或根据用户的要求配为测量其他某种气体的转子流量计。但是，由于不同气体的密度和其他物理性质的不同，它们对应的同一流量计的流量特性曲线差异甚大，所以，用本表测量其他气体时，应对流量计的标度重新进行标定（一般用皂沫流量计）或按修正系数进行修正。

（4）电解池必须在通气状态下工作，使潮湿气体和电解后的气体及时排出，以防刚开始电解时电解电流过大而损坏电解池。

（5）仪表不能用来测定含有腐蚀性物质的气体以及与吸湿剂五氧化二磷起反应的气体。

（6）仪表一般情况下不能超量程使用。若需超量程使用时，可适当减小气体流量或附加干气配气装置。

十二、巡回检查操作规程

（1）各岗位人员应熟悉本岗位的工艺情况，熟悉本岗位的巡检内容，保证减压设备的正常运行，确保全站的安全生产。

（2）运行工应每隔 2h 按巡回检查路线对站内设备进行巡视一次，保设备正常进行。

① 压缩机房有无异味，设备有无冒、滴、漏情况，如有问题及时处理。设备的清洁卫生情况，工艺管道及设备有无漏气，工艺管道及设备上所有阀门是否灵活可靠，各种计量表，压力表、温度计是否准确完好。

② 调压系统。所以有设备管道的查漏（用肥皂水）所有阀门启动是否灵活，球阀是否有泄漏等。

③ 加气柱。管道连接部位有无泄气现象，加气软管的放置是否合理，接地线是否牢固。

瓶组及槽车：检查管道连接部位有无漏气现象，压力，漏报参数。

④ 控制室。配电柜上的仪表，指示灯是否完好，瓦斯报警器，水分仪 H_2S 在线监测仪是否正常。

⑤ 消防器材，各处消防器材是否具备，灭火器压力是否合格。

（3）各岗位人员要认真执行巡检要求，并认真填写巡回检查记录。

（4）对巡视中发现的问题，要立即采取措施进行处理，及时向站长汇报并进行详细的记录。

十三、报警仪操作规程

（1）时间调整。在完成控制器与探测器的安装检查无误后，打开控制器内左上角的电源开关通电，对时间显示进行调整。

① 在初始状态下，按动“复位”键一次，数码管显示“12：00”。

② 按下“自检”键进行时间设置，数码管小数点在第二位（表示“时”设置）和最末位（表示“分”设置）交替亮。

③ 确定了“时”设置或“分”设置后，按动“查询”键，每按下一次“时”键或“分”键加1。

④ 时间设置完成后，再按“复位”键确认。此时，数码管中间的灯每秒闪亮一次。

（2）“自检”键的使用。在运行状态下按动“自检”键，对主机的声光报警及各有关功能进行自动检查演示，其顺序为指示灯、各显示字码、报警、故障声响。在完成全部程序后，主机自动回到运行状态（主机处于“报警”或“故障”状态时，不能使用“自检”操作）。

（3）“消声”操作。主机处于“报警”或“故障”状态时，按动“消声”键可以停止报警或故障声响，但数码管仍显示报警地址（压缩机房、储气库）。如果发生新的报警，数码管将按先后顺序显示当前所有报警地址，只有重新按动“消声”键，报警才能停止。

（4）主机处于“报警”或“故障”状态时，按“查询”键可以查看最先报警的地点。

（5）“复位”操作。当发生一次报警或故障之后，以处理排除故障，按动“复位”键，主机回复运行状态。

第四节　CNG加气站案例分析

一、CNG充装站“气瓶”爆炸事故

1. 事故经过

2008年12月28日凌晨6时50分，一辆长安微型面包车在成都市龙腾中路2号某CNG加气站加气，充装进行到大约40s

时，“气瓶”发生爆炸，瓶体飞向配电柜，将配电柜砸坏，瓶底向另一个方向飞出，分别将另外三辆汽车砸穿后飞出站外约50m，穿过龙腾中路后，砸向地面。此次事故造成该长安微型面包车严重受损，另有三辆汽车不同程度损坏，CNG充装站部分设施损坏，幸无人员伤亡。

2. 事故原因

发生爆炸的自制“气瓶”直径ϕ219mm，长度920mm，平板封头，角焊连接，系非法自制、安装。

3. 事故分析

气瓶材质和制造工艺问题导致气瓶质量不合格。

4. 事故分析结论

气瓶材质应符合有关标准，应定期进行气瓶检测，很多CNG钢瓶材料强度高而塑性差，材质中的有害杂质元素（如S、P、O）的含量超过了安全技术要求的控制指标。

二、车用气瓶爆炸事故

1. 事故经过

2004年7月，一辆使用CNG的出租车在成都市二环路南某充装站内爆炸，司机当场死亡，另一辆待充装CNG的出租车司机受伤。

2006年4月，一辆奥拓车在重庆巴南区某充装站充装CNG时，车用气瓶突然爆炸，司机受重伤，附近的信息电缆线被炸断。

2007年8月，成都两辆燃气公交车在CNG加气站内自燃，一名司机严重烧伤。

2007年12月，哈尔滨连续发生两起使用CNG燃料的出租爆炸事故。

2001年3月19日凌晨0时18分，内江市公交公司车用CNG气瓶发生爆炸。

2006年4月30日19时17分，四川省遂宁市某加气站发生一起气瓶爆炸严重事故，造成6人受伤。该加气站在给一辆出租车的GNG气瓶充气时发生爆炸，造成汽车损坏，加气站部分设施损坏，6人受伤。

2007年1月15日，甘肃省兰州市七里河区滨河南路，兰州某汽车出租公司发生一起气瓶爆炸严重事故，造成1人轻伤，经济损失20万元。该公司司机私自加装非法制造的车用气瓶，在玉金加气站加气时发生爆炸。司机本人受伤，出租车报废，两辆车受损。加气站设备受到不同程度的破坏。

2007年4月4日，河南省新乡市郊区某汽车加气站发生一起气瓶爆炸严重事故，造成3人轻伤，经济损失2万元。该站在给出租车加气时气瓶突然发生爆炸，造成3人轻伤，1辆夏利车报废，2辆出租车受损。

2007年5月7日，四川省南充市某CNG加气站在对一辆CNG车辆进行充装作业时，发生了气瓶爆炸事故。

2008年7月2日下午6时许，武汉一辆正在加气的双燃料出租车突然爆炸。

2. 事故原因

导致车用CNG气瓶事故的原因，主要有以下几个方面：

（1）气源质量不合格

① 硫含量超标。目前，大多数CNG气源中部含有硫化氢等酸性物质，特别是四川、重庆等气源质量不佳的地方。硫化氢溶于水后，会造成钢材的电化学腐蚀，产生氢鼓包现象。即使没有水分，CNG中的硫化氢在高压力作用下，也会对气瓶造成腐蚀破坏。如果CNG生产工艺中脱硫、脱水装置失效，或加气站经营者对硫化氢、水分指标把关不严，就可能导致CNG中硫化氢、水分含量超标。硫含量超标对于汽车用CNG钢瓶、钢内胆车用CNG缠绕气瓶的破坏作用尤为严重。

② 二氧化碳含量较高。如果CNG中二氧化碳和水分含量较高，会对钢材或铝材造成局部电化学腐蚀，这种安全隐患在汽车用CNG钢瓶及钢、铝内胆、车用CNG缠绕气瓶上比较突出。

（2）外界环境影响

① 化学品侵蚀。车用 CNG 气瓶在实际运行环境中，可能遭受酸雨等化学物质的侵蚀。这些物质会与气瓶表面的材料发生化学反应，即会对有缠绕层的车用 CNG 气瓶造成缠绕层纤维的断裂、溶解、松动或者产生应力腐蚀裂纹等，对于钢瓶则直接造成壁厚减薄、产生凹坑等后果。

② 大气侵蚀。车用 CNG 缠绕气瓶的纤维缠绕层如果长期暴露在阳光及大气中，其外表面涂层的状况会变化，可能导致缠绕纤维松动、断裂，从而降低车用 CNG 气瓶的强度，影响其安全性能。

③ 外力作用。车用 CNG 气瓶在使用、搬运等过程中，由于操作不当或者汽车本身发生事故等影响，可能造成车用 CNG 气瓶受到冲击、碰撞、磨损、过热等损伤，导致车用 CNG 钢瓶表面受损，或造成车用 CNG 缠绕气瓶表面纤维层松动、断裂、树脂破碎等后果，会降低车用 CNG 气瓶的安全性能。

（3）质量因素

① 自身质量一致性难以保障。车用 CNG 气瓶自身质量的一致性是保证车用 CNG 气瓶安全性能的根本。但在对某车用 CNG 全复合材料爆炸气瓶的同批次气瓶随机抽样（2 只）进行爆破试验时，发现 2 只气瓶的爆破压力分别为 39.6MPa 和 65MPa，差距较大。有些国产车用 CNG 气瓶在外径上相差逾 10mm，水容积相差超过 5%，甚至同一只气瓶的中部和两端的外观颜色也有明显差别。这样的气瓶本身质量一致性没有得到有效控制，必然会严重影响气瓶的安全性。

② 气瓶自身泄漏。在车用 CNG 气瓶的定期检验中常常会发现气瓶有泄漏现象。检验中发现，有相当一部分气瓶存在瓶阀结构不够合理、与瓶身连接处密封不好等现象。这样的情况在车用 CNG 全复合材料气瓶中尤为普遍。带有泄漏问题的车用 CNG 气瓶一旦进入实际运营中，属于带病工作，在一定的条件下必然会发生爆炸等事故。

（4）人为因素

① 私自改装燃气设备。目前，随着汽油、柴油价格的提高，燃气与燃油的成本差异已经比较明显，前者较低。因此，有些单位或者个人为汽车改装了燃气设备。有些改装的车用 CNG 气瓶甚至是几年前使用的旧车用 CNG 气瓶。有些由不具备车用气瓶安装单位许可资质的改装单位或个人改装的车用 CNG 气瓶，甚至旧车用 CNG 气瓶、报废车用 CNG 气瓶的重新使用，必然为车用 CNG 气瓶埋下安全隐患。

② 加气站安全措施不到位。加气站是将管线输送来的天然气处理后，加入车用 CNG 气瓶。目前，有些城市的加气站仍存在员工安全管理制度落实不力、安全意识淡薄、操作规程掌握不规范等诸多问题。大多数加气站周围环境较复杂，受出入车辆火花、穿钉鞋摩擦所致火花、静电火花等可能存在的火源威胁。车用 CNG 气瓶在这样的加气站充装 CNG 时，可能受到火灾或爆炸事故的影响。

③ 充装过度须繁。在车用 CNG 气瓶的使用过程中，尤其是车用 CNG 全复合材料气瓶的使用过程中，疲劳破坏往往是最致命的。相关标准对车用 CNG 气瓶的使用寿命有所规定，但这些规定是建立在正常充装基础上。实际运营中，某些原因会造成车用 CNG 气瓶每日的充装次数多于设计计算中设定的充装次数，在这种情况下就有必要适当缩短其使用寿命，否则会给车用 CNG 气瓶的安全性带来危害。

3. 事故分析

车用 CNG 气瓶包括汽车用 CNG 钢瓶、钢质内胆环向缠绕气瓶、铝质内胆环向缠绕气瓶及塑料内胆全复合材料气瓶等多种类型。车用 CNG 气瓶事故往往会造成车毁人亡的惨重后果，其安全性应引起高度重视。虽然国家规定新装钢瓶第一次检测周期为 2 年，以后每年检测一次，但实际上，全国许多 CNG 汽车气瓶使用已超过 4~5 年，最长时间超过 10 年，还没有进行过检测，问题相当严重。根据检测站调查，出租车气瓶使用两年以后，在检测时往往能倒出约 0. 5~1L 的油水混合液。另外，由气瓶材质和制造工艺问题导致气瓶质量不合格，引发的安全事故也很多。

4. 事故分析结论

通过以上分析，对车用 CNG 气瓶的安全，应从以下几个方面予以保证。

(1) 提高车用 CNG 气瓶和 CNG 产品的质量，特别是严格执行硫化氢、水分含量等控制指标。

(2) 合理分配车用 CNG 气瓶的安装位置。出租车上的车用 CNG 气瓶一般置于后面的密闭空间中，一旦发生泄漏，容易造成 CNG 聚积，引发爆炸。如果将车用 CNG 气瓶置于后备箱中，容易遭受机油、潮湿、化学品的侵蚀。北京公交车用 CNG 气瓶一般置于车顶，即使发生 CNG 泄漏，也可以保证 CNG 迅速扩散，因此很少发生事故。可见，将车用 CNG 气瓶至于车顶等较为空旷的位置，可以减少车用 CNG 气瓶事故的发生。

(3) 尽量减少车用 CNG 气瓶的拆装率，以降低由于频繁拆装气瓶带来的瓶阀螺纹损伤、气路密封性能损坏等弊端，降低车用 CNG 气瓶泄漏的可能。保证车用 CNG 气瓶在使用过程中不会受到猛烈的撞击、冲击。若一旦发生这种情况，必须进行检验，判断车用 CNG 气瓶是否能够继续使用。

(4) 严格按要求对车用 CNG 气瓶进行充装，确保车用 CNG 气瓶充装前瓶内留有一定的余压，避免充装时空气混入引发爆炸事故。

三、加气站案例

1. 事故经过

2008 年 2 月 25 日，成都某公交压缩天然气有限公司加气站天然气泄漏。

2008 年 3 月 6 日，成都某公司天然气泄漏。

2008 年 12 月 28 日，一私家车在成都武侯区一 CNG 加气站加气时，钢瓶发生爆炸，造成站内部分设施和 3 辆机动车不同程度受损。

2. 事故原因

（1）高压储气罐排污阀连接管冲脱。

（2）违章指挥、违规操作更换储气罐压力表。

（3）违规加装的非法钢瓶。

3. 事故分析

造成上述事故的原因在于：

（1）安全生产管理主体责任不落实，安全培训不到位。一些企业的管理人员法制意识、安全生产意识淡薄，违章指挥、违规操作，日常监管不到位；从业人员安全意识差，对作业场所存在的危险性认识不足，缺乏必要的技能知识，违章作业现象严重。

（2）安全设备、设施隐患严重。一些企业未严格按照国家有关安全生产法律、法规、规章制度和设备设施的技术规范要求，组织相关技术人员认真排查、分析、查找存在的安全隐患，在完善本企业内部相关安全生产制度、预案、设施设备的检修方面缺乏必要的手段，安全设施经费投入不足，安全管理制度、工艺技术规程、设备、设施、储存场所的安全附件、安全保护装置、压力容器、压力管道等机器设备的维护、检修、保养状况不到位。

（3）CNG 加气站与周边建筑安全距离不足。由于城市建设的发展造成部分企业与周边单位、居民建（构）筑物安全距离不能满足相关规范要求，产生重大安全隐患，而这些隐患整改周期长、协调解决难度大。

（4）车辆违规加装 CNG 气瓶行为严重。自武侯区草金 CNG 加气站发生违规加装非法钢瓶加气时发生爆炸事故以来，市内加气站工作人员在加气前进行的检查工作中，陆续发现部分违规加装 CNG 钢瓶的机动车辆。

4. 事故分析结论

要确保作业场站的安全附件、安全联锁、安全保护装置处于完好状态；压力容器、压力管道、防雷防静电及规定送检的仪器仪表要定期监测和送检；建立健全运行设备的维护保养、检修等台账。继续深入开展隐患排查治理工作，进一步建立和完善隐患排查治理工作机制，使隐患排查治理工作制度化、规范化、常态化，真正把隐患排查治理工作纳入企业日常管理之中。不断完善安全管理制度和事故应急救援预案，加强作业现场安全生产管理，确保安全生产。此外还应加强安全教育和培训，使管理人员从业人员掌握相关安全生产法律法规及规范，依法规范安全生产行为，做到依法生产、安全生产。

四、加气站储气井爆炸案

1. 事故经过

2005 年 7 月 18 日夜，宜宾某 CNG 加气站储气井发生爆炸。埋入地下的几十米钢管全部飞向天空，然后分成数段砸向地面，所幸无人员伤亡，钢管落入隔壁的修造厂，造成数辆车辆受损。

2. 事故原因

（1）钢管严重腐蚀，造成钢管壁厚减薄，承压能力下降，引起爆炸。

（2）固井和钢管防腐存在缺陷，未能防止钢管有效的防止腐蚀。

3. 事故分析

储气容器分为瓶储式、罐储式和井储式。从应用范围看，地下储气井应用范围最广；从发生故障概率看，储气瓶组发生故障概率最高，储气罐次之，储气瓶最低。无论是哪种形式的储气容器，其内部压力都在 25~30MPa，均属高压容器。储气容器中存在的问题主要是储存的天然气气质不佳；储存容器的材料不符合相应的技术标准；地下储气井的无损探伤和缺陷补救问题尚未解决；大部分储气容器内没有安全阀，地面没有监测系统。

4. 事故分析结论

储气井材质必须符合相关标准；储气井尽量选用耐“氢脆”的材料，储气井井管应进行外壁防腐；防止与地下水中的酸、碱等腐蚀性介质长期接触，产生严重的外腐蚀，造成爆管事故。加强储气井无损探伤和缺陷补救问题技术的研究；按照有关标准要求，地下储气井每隔 6 年就要进行一次全面检查。

五、加气站气瓶爆炸事故

1. 事故经过

2004 年 2 月 13 日中午 12 时，郑州市某汽车加气站，郑州某出租车公司司机高某驾驶富康车和另一位驾驶出租车司机王某于加气站加气时气瓶突然爆炸。加气站内共停放 9 辆汽车，其中富康出租车 5 辆，公交车 4 辆。高某驾驶的富康车位于东侧北端第二车道处，其左后侧全部因爆炸炸开，车头完好，该车顶炸飞至东南侧 3. 4m 处，左侧后门炸飞至 4. 2m 处，车内天然气气瓶底座炸飞至西北侧 17. 3m 处。充装工罗某卧在高某驾驶的车尾左侧，身体被烧焦。

2. 事故原因

充装工违反操作规程进行充装作业。

3. 事故分析

（1）加装部技术主管，未按照生产厂家的安装规定要求对气瓶抽真空，对事故的发生应负直接责任；

（2）改装有限公司负责人，工作失职，没有受过安全培训，对安装工人是否受过培训不清楚，对事故的发生应负一定的责任。

4. 事故分析结论

应做到的防范措施：

（1）加强气瓶改装企业的监管力度，各岗位人员应按相关要求培训，持证上岗；

（2）加强加气站工作人员安全意识教育，对情况不明的气瓶禁止加气。

六、加气站压缩机爆炸事故

1. 事故经过

2006 年 7 月 5 日早晨，西安市某加气站突然发生爆炸，火焰冲出设备房的屋顶。事故中，一名加气站员工身亡。

2. 事故原因

天然气压缩机汽缸冲顶，破损口瞬间压力过大，进而引发了天然气自燃。

3. 事故分析

压缩机存在的主要问题是：级间泄漏量较大；润滑油泄漏量较大，在对车用气瓶检测过程中，发现不少气瓶中有润滑油残留物；排气温度高，在有的压缩机上未设置超温报警停机装置。

4. 事故分析结论

提高压缩机质量应做到：

(1) 压缩机外露运动部件应设置防护装置。

(2) 压缩机应符合防爆、防雷标准，各类阀门应安全可靠；压缩机组现场电气和电路系统防爆等级应符合 GB 383611 的规定且有防爆措施；静电接地和压缩机、驱动机接地装置应可靠，防雷装置应工作可靠。

(3) 压缩机各类阀门必须可靠；安全阀开启压力应合格，止回阀关闭应可靠。

(4) 压缩机中气体压力或润滑油压超限时能进行声光报警；压缩机各级排气温度及润滑油温度超限时应能进行声光报警。

七、天然气加气站爆炸事故

1. 事故经过

1995 年 9 月 29 日，四川自贡某公司压缩天然气加气站发生爆炸，造成重大经济损失和人员伤亡事故。

2. 事故原因

钢瓶泄漏燃烧。

3. 事故分析

站内工艺过程处于高压状态，工艺设备容易造成泄漏，气体外泄可能发生地点很多，管道焊缝、阀门、法兰盘、气瓶、压缩机、干燥器、回收罐，过滤罐等都有可能发生泄漏；当压缩天然气管道被拉脱或加气车辆意外失控而撞毁加气机时会造成天然气管道被拉脱或加气车辆意外失控制而撞毁加气机时会造成天然气大量泄漏。泄漏气体一旦遇引火源，就会发生火灾和爆炸。

4. 事故分析结论

储气容器中存在的问题主要是储存的天然气气质不佳；储存容器的材料不符合相应的技术标准。储气瓶的最大储气压力为25MPa，设计压力应大于工作压力，并保持一定的设计冗余。

八、加气站喷射燃烧事故

1. 事故经过

1995 年 10 月 7 日，四川省遂宁市某压缩天然气加气站发生喷射燃烧，火焰柱高达 20 余米，造成直接经济损失 18 万余元。

2. 事故原因

钢瓶质量问题。

3. 事故分析

压缩天然气加气站技术要求充装站的压缩机必须加压至25MPa 以上，才能将天然气压缩到钢瓶内，这是目前国内可燃气体的最高压力贮存容器。若钢瓶质量或加压设备不能满足基本的技术要求，稍有疏忽，便可发生爆炸或火灾事故。系统高压运行容易发生超压，系统压力超过了其能够承受的许用压力，最终超过设备及配件的强度极限而爆炸或局部炸裂。

4. 事故分析结论

进入气瓶的 CNG 气质必须符合要求；增压后进入储气装置及出站的压缩天然气的质量，必须符合现行国家标准《车用压缩天然气》GB 18047 的规定。

九、加气站泄气事故

1. 事故经过

2005 年 3 月 21 日下午 4 时 50 分左右，广州市天平架汽车总站附近的某 LPG 加气站发生泄气事件。下午 4 时 50 分左右，一辆出租车到气站加气，工作人员刚刚将气枪插入车内，突然听到“哧”一声，接着看到白色的气体从管口飚出，直冲向车顶，气枪口还有火光。“不好啦，漏气了！”正在加气的出租车司机见状撒腿就跑，工作人员立刻拿来灭火器，没有引起火灾。

2. 事故分析

新近引进的“六枪机”加气枪枪头与汽缸接触不符引起漏气。

3. 事故分析结论

(1) 选用与汽缸配套的加气机枪头。

(2) 加气站应采取杜绝明火、静电火花等引火源的安全措施。

根据有关调研资料，在加气站所配置的各大系统中，发生的安全事故主要集中在售气系统和高压储气系统，其次是天然气压缩系统，占事故总数的 90%。在售气系统引发的多起安全事故中，电磁阀、质量流量计、加气枪开关或显示器失效、安全拉断阀等关键部件诱发安全事故占事故总数的 46%；因气质质量不合格，占事故总数的 6%。加气站高压储气装置引发的安全事故中储气井事故占 19%。

十、压缩天然气加气站爆炸事故

1. 事故经过

1995 年 8 月 12 日，四川绵阳某压缩天然气加气站，给钢瓶充气时发生爆炸并起火成灾。

2. 事故分析

脱水工序处理不净。在天然气中的游离水未脱净的情况下，积水中的硫化氢容易引起钢瓶腐蚀。从理论上讲，硫化氢的水溶液在高压状态下对钢瓶或容器的腐蚀，比在 4MPa 以下的管网中进行得更快、更容易。目前，CNG 气质存在的主要问题如下：

(1) 出站 CNG 的含水量过高。在 GB 18047《车用压缩天然气》的所有技术要求指标中，水露点是最重要的一项指标。但实际监测发现，有的加气站的出站 CNG 的含水量超过 80ppm，有的在 70~80ppm，普遍的含水量都在 50~60ppm。出站 CNG 的水露点超过 GB 18047 技术要求规定的 85%。

(2) 出站 CNG 的硫化氢含量过高。美国腐蚀工程师协会 (NACE) 认为可导致井管出现“氢脆”的硫化氢浓度与储存气体的压力有关，并有近似对数线性反比关系，储存气体的压力越大，不发生“氢脆”的硫化氢最高容许浓度越低。CNG储存装置属于高压容器。在车载气瓶最高工作压力为20MPa条件下，不发生“氢脆”的硫化氢最高容许浓度约为15ppm；在储气井的最高工作压力25MPa条件下，不发生“氢脆”的硫化氢最高容许浓度约为12ppm。严格执行GB 18047是可以避免“氢脆”的，但据调研，大约有45%的加气站在线监测硫化氢超标。

（3）气质在线监测装置问题。据调研，45%的加气站没有安装微量水分分析仪等监测设备；42%的加气站没有安装硫化氢在线监测设备。有些加气站即使安装了在线检测仪，由于没有法定监测单位，没有明确规定的监测周期，不少装置建站时候装上后，就再也没有校验标定过，形同虚设。

3. 事故分析结论

要提高CNG加气站气质，应采取以下措施：

（1）要提高分子筛耐热耐压性能。目前的脱水装置，由于分子筛的耐热强度差，再生气体加热温度只能控制在230℃以下，所以CNG中的水含量极易超标。因此，当前首先应着重解决脱水装置分子筛的耐高温、耐高压的问题，再解决脱水装置的其他各项参数匹配问题。

（2）接触CNG的设备应尽量选择抗“氢脆”性能较好的材质。

（3）应对CNG的含水、含硫量进行监测；如条件允许，可对整个加气站建立实时安全监控系统。

参 考 文 献

1 郁永章．天然气汽车加气站设备与运行．北京：中国石化出版社，2012.

2 郭建新．加油(气)站安全技术与管理．北京：中国石化出版社，2013.

3 蒋长安，庞名立．世界天然气发展史．中国天然气全景网，2010.

4 孙振详．中国天然气市场开发管理现状分析．石油观察，2014(4)

5 胡杰．天然气化工技术及利用．北京：化学工业出版社，2006.

6 白兰君．天然气输配经济学．北京：石油工业出版社，2007.